"碧播"电力与能源管理课程

接地系统及楼宇配电基础实训手册

施耐德电气（中国）有限公司　编著

电子工业出版社

Publishing House of Electronics Industry

北京·BEIJING

内 容 简 介

本系列课程是施耐德电气公司围绕电力和能源管理相关领域的职业技能，引进国际先进的培训体系，为培养从事设计、运行、管理和维护电气设备和系统的技术人才设计开发的教学资源。

本书为"碧播"电力与能源管理课程的《接地系统及楼宇配电基础实训手册》，采用理论与实践相结合的编写方式，具有很强的实用性。可作为职业教育、行业培训的辅助教材。

未经许可，不得以任何方式复制或抄袭本书之部分或全部内容。

版权所有，侵权必究。

图书在版编目（CIP）数据

接地系统及楼宇配电基础实训手册 / 施耐德电气（中国）有限公司编著. —北京：电子工业出版社，2017.8

ISBN 978-7-121-32527-4

Ⅰ. ①接… Ⅱ. ①施… Ⅲ. ①房屋建筑设备—接地系统—技术手册②房屋建筑设备—配电系统—技术手册 Ⅳ. ①TU852-62

中国版本图书馆 CIP 数据核字（2017）第 199967 号

策划编辑：施玉新
责任编辑：裴　杰
印　　刷：北京虎彩文化传播有限公司
装　　订：北京虎彩文化传播有限公司
出版发行：电子工业出版社
　　　　　北京市海淀区万寿路 173 信箱　邮编　100036
开　　本：787×1 092　1/16　印张：10　字数：256 千字
版　　次：2017 年 8 月第 1 版
印　　次：2021 年 10 月第 5 次印刷
定　　价：30.75 元

凡所购买电子工业出版社图书有缺损问题，请向购买书店调换。若书店售缺，请与本社发行部联系，联系及邮购电话：（010）88254888，88258888。

质量投诉请发邮件至 zlts@phei.com.cn，盗版侵权举报请发邮件至 dbqq@phei.com.cn。

本书咨询联系方式：（010）88254598，syx@phei.com.cn。

前　言

当前，中国经济发展进入新常态，产业转型升级的需求十分迫切。制造业发展面临着资源环境约束不断强化、人口红利逐渐消失等多重因素的影响，人才是第一资源的重要性更加凸显。实现"中国制造2025"、"一带一路"建设等战略任务，**关键在人才，基础在教育，根本在教师**。

随着工业开启4.0时代，相比拥有大量基础知识和通用技术储备的发达国家，中国在高端制造能力、产品功能、质量、可靠性和工艺水平等领域尚有差距，新兴产业的技术供给和市场需求的条件也亟待提升。中国拥有全世界规模最大的流水线型工人，但智能制造需要的是能看懂图纸、理解订单要求、会调整机器参数和修正错误误差的技术人员，是能够处理智能化、物联网和大数据环境下的复杂问题，能够进行抽象思考，从而创造性地面对挑战的技能型人才。

十八大以来，党中央、国务院高度重视职业教育改革发展工作，把职业教育摆在了前所未有的突出位置。十八大报告提出"加快发展现代职业教育"，2014年，国务院印发了《关于加快发展现代职业教育的决定》，我国职业教育在统筹推进"五位一体"总体布局和协调推进"四个全面"战略布局中快速发展。

以"深化产教融合、校企合作、工学结合"为主线的现代职业教育，企业的深度参与不可或缺。作为全球能效管理和自动化专家，施耐德电气在180年里积累了丰富的技术和经验，致力于通过技术创新重塑产业结构，改变城市环境，提高人民的生活质量。同时，作为"全球可持续发展企业百强"榜排名前十的公司，施耐德电气非常关注公司所在地的可持续发展并积极做出贡献。近40年，在法国和全球多个国家，施耐德电气与当地教育部门、企业、学校在培养职业技能人才方面，开展多种形式的合作，传授先进的技术和运营管理的经验，提供实习实训和就业机会，扶持年青人的创业创新。

作为全球制造业强国之一，法国在制造业有着深厚的底蕴。法国在飞机、汽车、高速铁路等制造领域处于世界领先地位，法国生产的服装和红酒享誉全球。在全球"再工业化"的浪潮中，法国的工业计划与中国的更加相似。同时，作为职业教育领域的世界强国，法国的职业教育具备显著的"四高"特征：高度重视实践和应用能力、高淘汰率、高就业率、受到社会的高度尊崇。

2016年，施耐德电气在中国启动全新的"碧播"职业教育计划，旨在发挥企业的力量和优势，带动热心公益的社会资源，探索企业与职业教育良性互动、协同发展的人才培养模式，帮助有需要的年轻人，成为工业自动化、智能制造和能源管理等领域的专业人才并获得合理的职业发展，同时服务行业企业的技术发展需求，从而为中国产业转型和职业教育建设做出贡献。

作为计划的一部分，施耐德电气公司的数十名专家和员工，在合作伙伴的支持和帮助下，基于施耐德公司与法国教育部共同开发的"电力与能源管理"培训体系，历时一年、反复打磨，开发了"碧播"电力与能源管理课程，并专门配套了实训设备和教学资源，在常规教学的理论基础上，着重实用的应用型训练，让学生可以在学校就了解当下应用最广泛、最先进的技术和产品，提升技术技能水平。多位施耐德电气的技术专家，以志愿服务的形式，大力支持教材的编审工作。在此，特别感谢孙晓芳、房彩娟、周书灏、洪冰寒、唐颖。

该套课程及教材将捐赠给"碧播"计划合作的职业教育院校。作为"碧播"职业教育计划在中国的公益合作伙伴，中国教育发展基金会全程提供了指导与帮助。

感谢电子工业出版社的多位专家，在课程的出版过程中给予的大力支持。同时感谢来自南京信息职业技术学院、华北电力大学等多位专业教师，对课程给予了反馈和指正。

当然，作为这套课程在中国出版的第一版教材，其中难免存在疏漏与不足，望广大专家、师生予以指正、反馈，我们定当虚心接纳，不断改进。

施耐德电气（中国）有限公司

第1部分　接地系统实训

第 2 部分　楼宇配电基础实训

第 1 部分　接地系统实训

第 1 章　概　　述

1.1　设备描述

"碧播"接地系统教学试验箱的目的在于研究如何在 TT 接地系统中实现人身及设备的安全防护。

该试验箱包含一系列的电气保护元件，以及一些用来模拟人体或其他设备接入电路时的电阻，如图 1-1 所示。

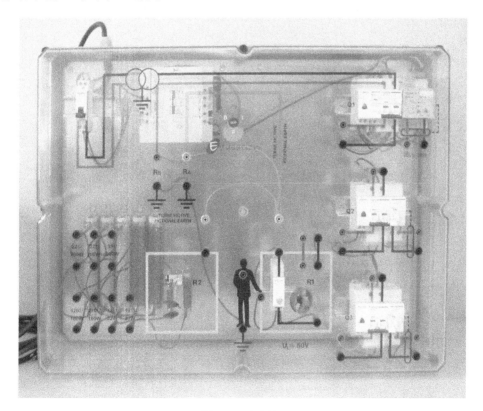

图 1-1　试验箱

1.1.1 实施理论

该试验箱用来寻找、研究并实践人身及设备防护原则，该原则可以广泛应用于住宅及工业领域。

该试验箱可实现电气保护回路的布线，并可模拟多种设备连接至网络的不同情形。

1.1.2 产品的实际使用

同学们学习了相应理论知识后，可以使用试验箱模拟产品接线，模拟实际中的电气保护。

1.2 教学描述

1.2.1 教学目标

接地系统试验箱用来展示 TT 系统中的人身及设备安全防护。

1.2.2 功能

（1）理解保护装置的功能和操作方法。

（2）为设备选择最合适的保护方式。

（3）判断故障电流。

（4）学习时间和电流的选择性。

1.2.3 教学内容

练习中有如下不同的主题：

（1）理论提示。

（2）装置分析。

（3）内部连接与外部接地。

（4）Vigirex 保护继电器的使用和设定。

（5）设定剩余电流保护器的灵敏度。

（6）计算接地电阻的最大值。

（7）剩余电流保护电器脱扣。

（8）检查接地电阻值。

（9）火灾。

第2章 设备的组成

2.1 试验箱清单

"碧播"接地系统试验箱，物料号为 MD3BPSLT，内含：

（1）5 根蓝色 4mm 安全引线 15A SLK4075-E/N-L=0.25m。

（2）10 根黑色 4mm 安全引线 15A SLK4075-E/N-L=0.25m。

（3）2 根黑色 4mm 安全引线 15A SLK4075-E/N-L=0.50m。

（4）4 根黄色 4mm 安全引线 15A SLK4075-E/N-L=0.25m。

插接线组件如图 2-1 所示。

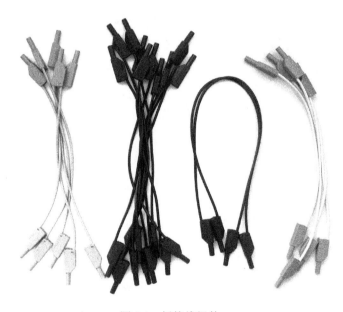

图 2-1　插接线组件

2.2 文件清单

（1）一套技术和指导手册，手册编号：MD3DBPSLTEN。

（2）一个 CD 光盘，详细地提供了 PDF 格式的技术手册和练习手册（或技术和指导手册），以及用于该教学课程的计算机文件和文档。

2.3　试验箱不包含的部分

（1）微型计算机。

（2）测量仪器。

（3）没有在"试验箱清单"中提到的其他东西。

第 3 章　使用条件

3.1　注意

对未经同意的软、硬件修改，施耐德电气不承担任何责任。

（1）学习整个设备文档，并且保存在一个安全的位置。

（2）严格遵守文件中给出的警告和指示，也要兼顾实际的设备情况。

（3）所有与机电系统有关的操作都必须严格按照安全操作规程进行。该教学试验箱通过了认证，依据人身及设备的安全防护标准和原则设计和制造。

（4）由于该试验箱是 230V AC 单相交流电源供电，操作带电设备时需要一定的措施来预防风险事故的发生。

（5）该试验箱仅作施耐德电气学院教学使用，禁止用于其他用途。

（6）所有练习必须在老师或经过实操培训上岗的工作人员指导下进行。

（7）这套教学设备可同时由两位同学站着或坐着使用。

（8）虽然该试验箱模拟了一套工业系统，但是，请把它仅仅看作一个实验仪器装置。

（9）设备满足 EN-61010 的标准（测量、控制、实验室设备的安全认证要求）。实验中不强制标识电线，因为练习中不含电路图。

连接至 230V AC 的有关操作只能由相关人员操作，或者是由老师监管、能够确保人身安全的情况下操作。只有在确定所有的元件都完全连接时才能进行通电操作。

3.2　所用符号

表 3-1 所示为标准符号定义，在设备上可以看到。

表 3-1　标准符号定义

符　号	参　　考	描　　述
∼	CEI60417-5031	AC 电流
---	CEI60417-5032	DC 电流

符　　号	参　　考	描　　述
$\overline{\sim}$	CEI60417-5033	AC 和 DC 电流
3$\sim$		3 相 AC 电流
 ⏚	CEI60417-5017	接地端
 ⏚	CEI60417–5019	保护接地端
 ⏚	CEI60417-5020	框架接地端
 ⏚	CEI60417-5021	等电位
I	CEI60417-5007	开
○	CEI60417-5008	关
▣	CEI60417-5172	双重绝缘和加强绝缘
 ⚡		警告，触电风险
 ♨	CEI60417-5041	警告，热表面
 ⚠	ISO7000-0434	警告，危险的风险（参看手册）
 ⚙		警告，机械损伤风险
 ⚠		警告，夹手风险

如果看到这些符号，请参看技术手册。

3.3　环境

设备的储存和使用条件必须遵循以下规则。

（1）温度。

使用环境温度：$0°C < T <+45°C$

存储温度：$-25°C<T<+55°C$

（2）湿度。

使用：相对湿度$< 50\%$（$t=+40°C$）

存储：相对湿度< 90% (*t*=+20℃)

（3）海拔小于 2000 m。

（4）污染。

只在非导电的干燥环境才可使用，必须防止灰尘、腐蚀气体和液体等进入。

（5）噪声小于 70dB。

欧盟指令（第 86-188）建议降低等效噪声级别至 90dB 以下。

法国劳动法典 R 232-8 以后规定在噪声达到相应阈值时需采取以下措施：

① 噪声达到 85 dB（危险设定阈值）需提供听力保护装置；

② 噪声达到甚至超过 90 dB（听障风险）需佩戴听力保护装置，如技术允许应在机器附近采取降噪措施。

（6）亮度。

工作环境的光线要求参照法令 83-721 号和 83-723 号有关规定。室内、外照度如表 3-2 和表 3-3 所示。

表 3-2　室内照度

工作环境	最小照度值（lx）
内部路线	40
楼梯和仓库	60
工作场所、衣帽间、卫生间	120
无采光的工作场所	200

表 3-3　室外照度

外　部　区　域	最小照度值（lx）
外部路线	10
外部工作区域	40

特殊场合照度如表 3-4 所示。

表 3-4　特殊场合照度

活　动　类　型	最小照度值（lx）
中型机械设备、打字、办公室工作	200
小零件生产、制图部门、机械数据处理	300
精细机械、蚀刻、颜色对比、复杂图纸、服装产业	400
精密机械、精细电子、各种检查	600
复杂工作	800

3.4　供电电源

设备的工作电源必须满足以下参数：

（1）电压：230V 单相（±10%）。

（2）频率：50Hz（±5%）。

（3）电流：10A/16A。

注意：供电网络的上级必须包含一个灵敏度≤30mA 的 AC 型剩余电流保护电器。

3.5　电气参数

（1）电压：230V 单相（±10%）。

（2）频率：50/60Hz（±5%）。

（3）视在功率：250VA。

（4）最大供电电流：16A。

（5）短路电流：3kA。

（6）额定耐受冲击耐受电压：2.5kV。

（7）电击防护等级：Ⅰ（按 IE61010-1 标准）。

（8）测量精度：Ⅱ（按 IE61010-1 标准）。

（9）安装类型：Ⅱ。

这些电气参数都标识在设备上。

接地：2P+E 16A 带接地触点的插头必须插入带有接地保护导线的插座（绿/黄导线）。

3.6　机械参数

（1）高：240mm。

（2）宽：720mm。

（3）厚：600mm。

（4）重量：20kg。

第 4 章　安装和连接

4.1　布置

（1）收到试验箱时，请参照第 2 章给出的包装清单来检查元件的数量和型号。

（2）在安装试验箱前，首先要根据 3.6 节中所讲的"机械参数"检查试验台是否可以承重。

（3）试验箱可以平放在台面上，也可以靠墙垂直放置，如图 4-1 所示。

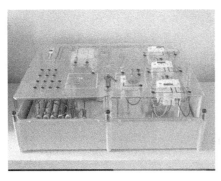 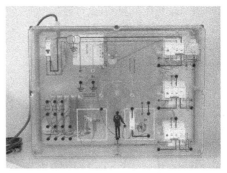

（a）　　　　　　　　　　　　　　　　　　（b）

图 4-1　试验箱的放置方法

4.2　操作

1. 条款 R4541-5

参照 2008 年 3 月 7 号，2008-244 的相关法令。

当需要手动操作的时候，雇主必须：

① 评估手动操作可能会给员工带来的健康和安全问题。

② 安排操作工位，以便于提供保护，降低风险，尤其是保护腰背。可以用一些机械辅助设施来保护员工的安全，也让他们工作态度更积极。

2. 条款 R4541-9

参照 2008 年 3 月 7 号，2008-224 的相关法令。

当需用到手动操作而且不能够提供机械辅助的时候（如条款 R4541-5 第 2 条所示），不允许员工搬运超过 55kg 的货物，除非有健康委员会的特殊许可。但是，在任何情况下，都不能超过 105kg。另外，女性不能搬运超过 25kg 的货物，如果使用推车，可以搬运包含推车在内总重量不超过 40kg 的货物。

3．条款 D4152-12

参照 2008 年 3 月 7 号，2008-224 的相关法令。孕妇不允许用两轮手推车搬运货物。

4．条款 D4153-39

参照 2008 年 3 月 7 号，2008-224 的相关法令。十八岁以下的年轻工作者禁止携带，拖曳或者搬运超过如下重量的物品。

① 十四或十五岁的男性工作者不能超过 15kg。

② 十六或十七岁的男性工作者不能超过 20kg。

③ 十四或十五岁的女性工作者不能超过 8kg。

④ 十六或十七岁的女性工作者不能超过 10kg。

十八岁以下的工作人员不能用独轮手推车运送超过 40kg（包括手推车的重量）的物品。

5．条款 D4153-40

参照 2008 年 3 月 7 号，2008-224 的相关法令。十八岁以下青年禁止使用二轮手推车。

4.3　电源连接

带有接地线的 2P+E 电源插头只能插接到配有接地保护导线（黄/绿色接地线）的电源插座上。试验箱电源连接如图 4-2 所示。

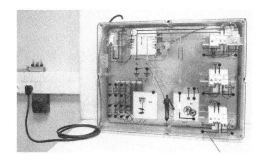

图 4-2　试验箱电源连接

第 5 章 使　　用

5.1　设备描述

（1）主断路器（图 5-1）。

这个断路器被用于分断和保护：

① 过载保护（火灾风险）；

② 短路保护（设备老化风险）。

（2）隔离变压器（图 5-2）。

这个变压器确保电路隔离，来防止外部电路故障影响其保护的电路。它也被用于改变接地系统。输入电压与输出电压相同。

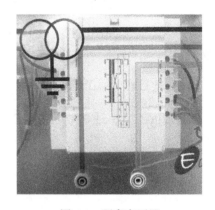

图 5-1　主断路器　　　　　　　　　　　　　　　　图 5-2　隔离变压器

（3）2P 断路器和连接到独立互感器的剩余电流继电器组合安装，如图 5-3 所示。

① 剩余电流继电器（Vigirex）连接到断路器的分励线圈上。剩余电流继电器的动作阈值和延时时间可调。

② 剩余电流继电器连接到互感器上，检测互感器进出端的电流是否有差值，在继电器上设置好剩余电流动作阈值和延时时间，当剩余电流超过动作阈值并且持续时间超过设定延时时间时，继电器输出信号给分励脱扣器用以分断断路器。

③ LED 用来指示断路器是否合闸。

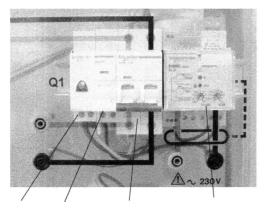

LED 分励脱扣器 2A 2P断流器，C曲线 可调的剩余电流继电器

图 5-3 2P 断路器和剩余电流继电器

（4）2P 断路器和 300mA 剩余电流保护模块组合（Q2）由一个断路器和一个 Vigirex 300 mA 剩余电流模块构成，如图 5-4 所示。

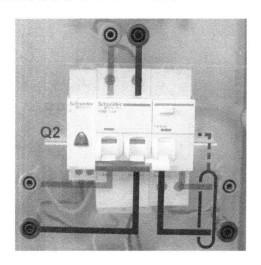

图 5-4 2P 断路器和 300mA 剩余电流保护器安装组合

Vigirex 剩余电流模块内置互感器，检测互感器进出端的电流是否有差值。如果差值超过 300mA，Vigirex 剩余电流模块将使断路器断开。

LED 用来指示断路器是否合闸。

（5）2P 断路器和 30mA 剩余电流保护模块组合（Q3）的工作原理与上述 Q2 类似，如图 5-5 所示。

（6）故障模拟部分。

通过按钮，就可以使用试验箱内的电阻去模拟由直接接触导致的剩余电流。电阻实验如图 5-6 所示。

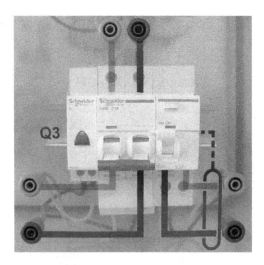

图 5-5　2P 断路器和 30mA 剩余电流保护器安装组合

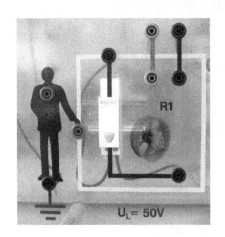

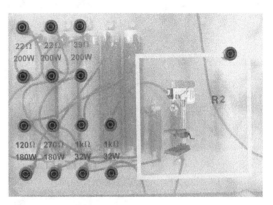

图 5-6　电阻实验

5.2　挂锁

　只有熟悉 NFC18-510 标准的人才能执行如下所述的挂锁工作。

设备挂锁的程序如下。

（1）检查。

在试验箱的电气回路上，检查断路器 Q0 是否被确定为主电源 ON/OFF 开关。

（2）隔离。

停止试验箱运行，断开主开关 Q0 到 "0" 位置。

将 2P+E 16A 的电源插头从 230V 50Hz 的供电电源上断开以切断试验箱的电源。

（3）挂锁。

将锁挂在断路器 Q0 的 OFF 位置上并锁定，如图 5-7 所示。

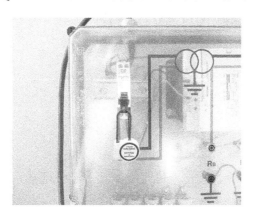

图 5-7　挂锁

（4）断电检测。

如果 2P+E16A 的电源插头已经从 230V 50Hz 的供电电源上断开，就不需要进行断电检测。

（5）钥匙交由专人负责。

BC（挂锁的管理需符合 NFC18-510 标准）。

注：设备现为锁定状态。

第6章 维　护

6.1　服务

（1）为了清洁试验箱，首先必须断开电源。

（2）试验箱应避免溅上水或者其他液体，不能使用蘸水的海绵擦洗，可以使用微潮湿的布来擦拭（不能含有腐蚀性化学产品）。

（3）如果有必要，请用吹风机吹走灰尘。

6.2　故障处理和设置

（1）在部件的维护工作开始之前，必须切断电源。

（2）只有在所有新换部件、接线及保护罩的紧固件等都恢复了之后，才能重新通电。

　这项操作必须由有 UTEC18-510 标准认证的人员来完成。

对于较为复杂的部件的更换和维修，请咨询施耐德电气。

第7章 练 习

7.1 接地系统（带中性线）介绍

所有的接地系统都是为了保证人员和设备的安全。每种接地系统都有各自的优点和缺点，必须满足设备的运行要求。无论在第三产业还是工业领域，根据需求变化选择正确的接地系统是至关重要的。精确的计算很重要，还要兼顾大电流和小电流，满足运行人员要求。

鉴于安装绝缘故障会引发的人身及设备安全隐患，本节将分别介绍 IEC60364 和 NFC15-100 标准定义的三种接地系统。每种接地系统会进行安全性和可行性测试，以及浪涌和电磁干扰保护测试。

1. 改变需求

IEC60364 和 NFC 15-100 标准定义的三种接地系统。

（1）TN 系统：设备外露导电部分通过中性线连接到系统的地上。

（2）TT 系统：中性点接地，设备端接地。

（3）IT 系统：中性点与地绝缘或经大阻抗接地。

这三种接地系统对于保护人和设备都有相同的目标：控制绝缘故障带来的影响，而且要求保护人身安全防止间接接触造成的危害。

低压电气装置的可靠性在以下几种情况中不一定适用。

① 电源。

② 设备维修。

计算负荷时需要考虑逐渐增加的工厂及建筑的需求。

2. 绝缘故障产生的原因

为了保护人身安全及保证操作的运行，电气设备中的带电导体应该与接地外壳绝缘。

可以采用如下方法绝缘。

（1）采用绝缘材料。

（2）距离要求气体间隙（如空气）及爬电距离（关于设备，例如绝缘子旁路路径）。

绝缘水平有特定电压表征，依据标准，在新产品和设备中得到应用：

① 绝缘电压（最高电网电压）；

② 雷电冲击耐受电压。

Prisma 低压开关柜的例子：

① 绝缘电压：1000V。

② 冲击耐受电压：12kV。当使用依照标准生产的产品进行调试安装的时候，绝缘故障的风险就很小了，但是如果使用时间过长，风险依旧会增加。

事实上，多种原因会造成装置的绝缘故障，举例如下：

① 安装过程；

② 电缆绝缘层机械破损；

③ 运行过程；

④ 有导电性的灰尘。

由于下列原因引起的温度过高导致的绝缘层老化：

① 气候；

② 导管中电缆过多；

③ 柜内通风不良；

④ 谐波；

⑤ 过载电流等；

⑥ 由短路所引起的电动力可能会破坏电缆或减少间隙。

⑦ 开关操作过电压或雷电过电压的冲击引起的浪涌。

⑧ 中压侧绝缘故障引发的低压侧 50Hz 的工频过电压。

通常情况下，这些问题会同时发生而导致绝缘故障，形式有：差模（带电导体之间）进而形成短路；共模（带电导体与壳架或地之间）。共模干扰中的故障电流或零序电流（MV）会流入保护线（PE 线）或大地。

低压接地系统要考虑的是共模干扰，在电缆和负载中最可能发生这种干扰。

3．绝缘故障的危害

无论造成绝缘故障的缘由是什么，它都会给人员、设备和电力供应带来危害。

4．触电风险

人体（或动物）直接接触电压就会造成触电事故。

触电风险是首要考虑条件，保护人员免受触电伤害为第一要务。交流电对人体的影响如图 7-1 所示。

图 7-1　交流电对人体的影响

5．火灾

当发生大型火灾时，将对人员和设备造成极大破坏。许多火灾是由于长期（临时）过载或绝缘故障导致的电弧而引起的。当故障电流较高时，火灾往往越发严重。同时，这也取决于建筑物的易燃易爆等级。

6．电力供应故障

控制这种风险十分重要，这是因为如果故障部分为了消除故障而自动断开，那么将导致照明突然停电、安全设备停机、在设备重启时间过长或成本昂贵的工厂中，尤其需要控制这种风险。而且如果故障电流很高，那么将导致：装置和负载的损伤会很严重，因而增加成本和维修时间；在共模模式（电网与大地之间）中，强故障电流的流通会干扰敏感设备，特别是那些"弱电"系统中的电偶节点。

在断电的情况下，浪涌或电磁辐射现象可能会给敏感设备带来故障或损坏。

本节中不同接地系统的带电危险或触电危险等定义来源于国际电工委员会标准 IEC 60364。LV 接地系统图示意了 HV/LV 变压器二次侧的接地方式和设备外壳的接地方式。

因此，用两个字母来定义不同的低压系统接地形式：

（1）第一个字母表示电源系统对地的关系。

① T：一点直接接地。

② I：所有带电部分与地隔离，或一点经大阻抗接地。

（2）第二个字母表示装置的外露可导电部分与地的关系。

① T：与地直接电气连接，独立于电源系统的任一接地点。

② N：与电源系统的接地点直接电气连接。

这两个字母的组合给出了三种可能的形式：变压器中性点→设备外壳，如 T→T

或 N、I→T、即 TT、TN 和 IT。接地系统如图 7-2 所示。

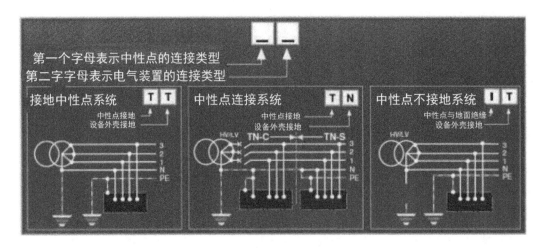

图 7-2　接地系统

注 1：

根据 IEC 60364 标准和 NFC 15-100 标准，TN 系统包括如下几个子系统。

（1）TN-C：中性线和保护线组合在一起（PEN）。

（2）TN-S：中性线 N 和 PE 线分开。

（3）TN-C-S：TN-S 的上游为 TN-C 方式（不可逆向）。

注意： 如果系统内导线截面小于等于 10mm²Cu，则只能使用 TN-S 系统。

注 2：

每个接地系统图都可以适用于整个低压电气安装系统，但在同一个电气安装系统中，几个接地系统图可同时存在。

接地电流的简化计算示例：

（1）TT 在绝缘故障发生时，故障电流 I_d 主要受限于接地电阻（如果电气装置的外壳接地连接和中性点的接地是分开的）。该故障电流会使装置的接地电阻中产生故障电压。

由于故障电阻通常较低（约为 10Ω），那么接触电压 $U_o/2$ 是危险的。因此，必须强制安装 RCD 来进行自动断开故障。

（2）TN 在绝缘故障的情况下，故障电流 I_d 只受限于故障回路的环路阻抗。对于 230/400V 的电网来说，尽管在干燥的环境下（$U_L=50V$），接触电压 $U_o/2$（如果 $R_{PE}=R_{ph}$）也会远远超过安全电压。此时，必须确保立即自动切断设备或部分设备的电源。相线和中性线间的短路类似，脱扣也可通过过流保护装置实现。

（3）IT 第一次故障时：在 IT 系统中，中性点不接地，那么故障电流 I_d 便不会流通。这种情况下，故障电压不会很危险，设备也能持续正常运行。因此，PIM（绝缘监测装置）会报告这次故障，在第二次故障发生前，必须找到故障位置并修复。

第二次故障时：如果这次故障发生在同一相上，那么设备可以正常运行。但是，如果这次故障发生在另一个相上，那么就会发生短路（如果两个设备共地，同 TN），过流保护装置会脱扣。

TT、TN、IT 系统短路电流如图 7-3 所示。

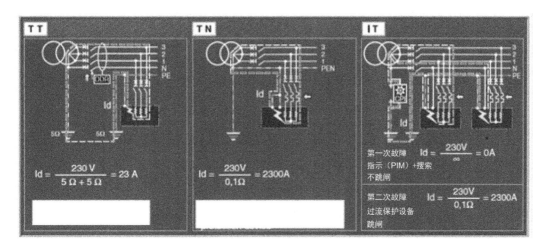

（a）TT 系统短路电流　　　（b）TN 系统短路电流　　　（c）IT 系统短路电流

图 7-3　TT、TN、IT 系统短路电流

（1）TT 特征：虽然也会发生接地故障，但是限制了故障后果，在发生短路故障时可通过剩余电流动作保护器（RCD）检测到。TT 系统的接地故障防护强制要求系统中必须安装额外的剩余电流动作保护器（安全首选）。

在短路的时候，为了将电网的切断范围减到最低，只需安装几个 RCD，便可优化供电效果。

① 微断的剩余电流保护模块可以与 0.5～100A 的 Acti9 系列低压断路器配合。

② 塑壳断路器的剩余电流保护 Vigi 模块可以与 100～630A 的断路器配合。

③ 绝缘监测模块可以与断路器配合。

④ 有独立的环形互感器的 Vigirex 可以与 100～6300A 的断路器配合，辅助电源无电压时在面板上有指示而不会跳闸（避免重置）；绝缘损坏时可以只报警不跳闸；在故障电流达到阈值的一半时，触发报警接点。例如，将电流上限设为 300mA，它会在达到 150mA 时报警。

不同接地系统的保护措施如图 7-4 所示。

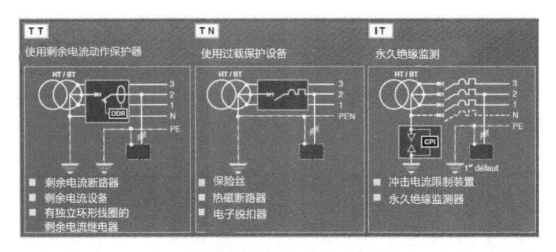

图 7-4　不同接地系统的保护措施

（2）TN 会发生接地故障，但为了提供保护会导致跳闸。这种故障同短路类似，既突然又具有破坏力。在第一次故障时断路器就会跳闸。

通过安装 RCD 或 PIM 等额外保护设备来避免危险是 TN 接地系统的防护原则（降低成本的首选）。但若进行改造或扩容，那么该方案的成本则会迅速上升。此外，由于短路对电缆或负载造成的影响，安装工作难度较大。电压降低也会干扰计算机。

必须采用过流、时间、能量选择性等方法来限制故障对于该部分电网的影响。

另外一个方法是直接在变压器的下游使用 TN-S 系统。优点是可以在检测到短路之前便通过 RCD 进行脱扣。

1～6300A 的 Acti9，Compact and Masterpact 系列的 1P/3P/4P 断路器可以选用。

（3）IT 系统通过中性线不接地降低故障危险。

这个方案可将故障电流限制至几毫安，从根本上解决了问题。在 IT 中性点不接地系统或高阻抗接地系统中，故障不会造成危险，因此不需要脱扣，设备可以继续运行。这是保证供电持续性的首选。

但是，正如之前讲述的，在 IT 系统中遗留一个接地故障点等同于在电网和地之间留下了一个直连点。在这种情况下，如果发生第二次故障，系统中将会产生一个类似于 TT 或 TN 系统故障时的足以导致跳闸的危险故障电流。

因此，只有在故障发生时尽快地发现绝缘故障点，IT 接地系统才能发挥出优势。通过应用 Vigilohm 绝缘监测系统可以自动检测到故障线路，包括用户最厌烦的间歇故障。绝缘监测装置 XM300C 与 XD301（1 通道）和 XD312（12 通道）绝缘故障检测器配合使用，通过闭合环形互感器（A 型）和分裂式环形互感器（OA 型）测量，可以监测并自动定位故障。

为了满足最严苛的可持续性供电场所要求，我们的产品通过注入信号来测量系统的电阻和电容值就地通信并进行预防性维护，从而杜绝了接地故障的蔓延。我们使用的设备有 XM300C、XD308C、XL308、XL316 和 XAS、XLI300、XTU300接口。

TT、TN、IT 系统保护设备如图 7-5 所示。

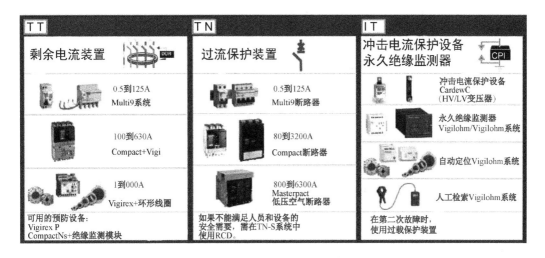

图 7-5　保护设备

7．配电柜

接地系统选择标准。根据以下 5 个条件来确定接地系统：

① 触电防护；

② 电气火灾防护；

③ 供电持续性；

④ 浪涌保护；

⑤ 电磁干扰防护。

不同接地系统的技术比较总结如下。

（1）触电防护。只要实施和使用都符合标准，那么所有的接地系统形式都可以提供触电防护。

（2）电气火灾防护。在 TT 接地系统和 IT 系统的第一次故障时，故障电流相对较低，火灾风险较小。另一方面当故障发生时，TN 系统中绝缘故障产生的电流相当高，会导致相当大的损失。

在一个阻抗故障中，没有安装剩余电流保护电器的 TN 系统不能提供足够的保护，因此建议在 TN-S 系统中安装 RCD。

在正常运行过程中，TN-C 系统的火灾风险最大。这是由于不平衡负载电流不仅会流过 PEN 导线，而且会通过所有与之相连的元件，包括金属框架、外壳、设备屏蔽层等。在发生短路电流时，这些线路的能量损耗会激增。因此，有爆炸或火灾危险的场所禁止使用 TN-C 系统。

（3）供电持续性选择。IT 接地系统能够避免绝缘故障引起一切不良后果：电压降低、故障电流扰动、设备破坏、故障线路断开。

正确操作可使二次故障的发生概率变得很小。

注意：通常多种措施可保证供电的连续性，如备用电源、UPS（不间断电源）、选择性保护、IT 接地系统和检测维修等。

（4）浪涌保护。在所有的接地系统中，都需要这种保护。选择这种保护措施的时候，必须考虑到场地曝光度和建筑活动类型。

接下来则需要决定等电位区域的数量和质量，从而确认是否要在电气系统的不同进线或出线处安装保护装置（浪涌抑制器等）。

注：

① IT 系统更需要使用过电压吸收器。

② 所有的接地系统都需安装这些保护装置。

③ 在 IT 接地系统中，由于中压侧故障导致的浪涌可以通过浪涌电流限制器来保护。

（5）电磁干扰保护。

任何接地系统都需考虑所有的差模干扰以及频率大于 1MHz 的所有干扰（差模或共模）。

TT、TN-S 和 IT 接地系统都可以满足电磁干扰保护的标准。需要注意的是，在 TN-S 系统中，绝缘故障发生时，它的故障电流较高，因此会产生更大的干扰。另一方面，不建议选用 TN-C 和 TN-C-S 接地系统。在这两种接地系统中，持续的不平衡电流会经过 PEN 导线、设备外壳和电缆屏蔽。这种电流会在连接至 PEN 导线的不同敏感设备壳架间产生扰动压降。在 3 的倍数次谐波的作用下，在现代装置中会显著放大这种电流的效应。各种接地系统分析比较如图 7-6 所示。

	TT	TN-C	TN-S	IT
人员安全	★★★	★★★★	★★★★	★★★
设备安全 ■ 应对火灾 ■ 设备保护	★★★ ★★★	★★★ ★	★★ ★	★★★ ★★★
供电的可持续性	★★	★★	★★	★★★★
电磁干扰的影响	★★★	★	★★★	★★★

★★★★ 极佳	★★★ 好	★★ 中等	★ 差

图 7-6　接地系统分析比较

8. 总结

（1）绝缘故障和电磁干扰

① 外部：高压配电网故障、操作过电压、雷电过电压（闪电）。

② 内部：绝缘故障电流、低压电网谐波。

（2）接地系统的选择和结论

这三种接地系统被广泛应用于全世界并在 IEC60364 中得以标准化，因为接地系统的共同目标都是为了确保安全。

如果按照电气装置安装和操作规程来使用，那么这三种接地系统都能保证人员安全。

鉴于每种接地系统的特定特性，不可能每次都按照习惯选择。用户和设计者（承包方工程师和设计部门等）必须就以下方面进行沟通和探讨。

① 电气装置安装特点。

② 操作条件和要求。

在绝缘水平较低（几千欧姆）的系统或外部线路老化的设备中，实现中性线不接地系统是不可行的；同样，在一个供电的生产连续性要求极高的场合，以及具有极高的火灾风险的场合，选择中性点接地系统也是不可行的。

（3）选择接地系统方法

① 在同一个电力系统中，这三种接地系统可以同时存在，从而最大地满足安全和供电需求。

② 确保接地系统的选择不受法令规定的影响。

③ 最后，要与用户进行沟通，明确以下几方面需求和资源。

a．供电持续性的需求；

b．是否具备维护服务能力和条件；

c．火灾危险。

因此：

a．如果看重供电持续性并具备维护服务条件，那么选择 IT 接地系统；

b．需要供电持续性但没有维护能力，也没有完美的解决方案。在这种情况下，相较 TN 系统，建议选择 TT 系统，TT 系统更易实现跳闸选择，并且可以最大程度地减少损失。

（4）引申结论（无需演算）

① 如果不要求供电的持续性，且可进行完整的维修服务，建议选择 TN-S 系统（能够实现快速维修或扩展）。

② 如果不要求供电的持续性，无维护服务，建议选择 TT 系统。

③ 如果有火灾危险，且有维护服务，建议选择使用 0.5A 的 RCD 的 IT 系统或选择 TT 系统。

（5）考虑到电网和负载的特殊要求

① 电网范围较大，或者剩余电流较高的电网，建议选择 TN-S 系统；

② 有备用电源或应急电源供应，建议选择 TT 系统；

③ 对大故障电流敏感的负载（电机），建议选择 TT 或 IT 系统；

④ 自身绝缘程度较低的负载（高炉）或有高频滤波器（大型计算机），建议选择 TN-S 系统；

⑤ 控制和监控系统供电：建议选择 IT 系统（更好的供电持续性）或 TT 系统（通信设备更好的等电位）。

9．结论

有时只选取一种接地系统未必是最佳方案。在很多情况下，建议在同一个系统中安装几种不同的接地系统。通常情况下，放射式供电装置，因有明确的优先级，可使用应急电源或 UPS 系统，优于整体采用树干式安装方式供电。

想要了解更多细节，可以参考施耐德电气集团出版的与设备配套的 CD-ROM 指南中的《技术手册》（技术手册合集）。

（1）文档编号 172EN：LV 的接地系统图。

（2）文档编号 173EN：全球的接地系统图及其演变。

（3）文档编号 177EN：电子系统中的干扰和接地图。

7.2　练习 1：理论提示

问题：接地系统采用典型 TT 系统。适用于所有公共建筑。

（1）为什么用这一类型的接地系统？

（2）原理是什么？

（3）优点是什么？

（4）怎么实现？

通过本节练习来回答这些问题。

高等职业学校《电力与能源管理》专业 准备工作表 名称：接地系统		表格编号：练习 1 级别：高等职业学校一年级
学习地点：工业系统区域	学习媒介："碧播" TT 试验箱	
学生活动安排		相关的资源链接
1. 前提准备： （1）各种接地系统相关的课程； （2）不同接地系统的特性。		职责与任务 （1）F0：学习 （2）T0.1：按照指导文件完成相关操作（如安装、工作现场、设备等相关的操作）
2. 提供纸质或电子版： （1）试验箱结构说明书； （2）标准和规范； （3）图表和图纸； （4）制造商文档； （5）详细指导书； （6）设备清单。		相关知识 （1）S1：配电系统； （2）S1-3：各种低压接地系统； TT、IT、TN 接地系统，不同接地系统的结构、特征和特性，有关人身安全的标准
3. 需要做到： （1）C1.3：理解与部分或全部试验箱结构有关的文档； （2）分析技术文件； （3）C3.1：为了操作指导文档的编译，验证与图纸、图表、明细表、报价、设备清单、工具及安全指令相关的所选方案； （4）完成指导文件。 4. 评估标准： （1）文本形式的报告要能清晰地说明实验过程； （2）报告要正确完成； （3）书面形式的论点需符合规范及标准中的参考文献的强制约束； （4）答案需正确		能力：C1，查询 技能：C1.3 能力：C3，评估 技能：C3.1
老师提出的建议：	成绩：　　/20	分配时间：1 小时
结果：	学生名字：	

1. TT 接地系统的注意点

TT 这两个字母是什么意思？完成表 7-1。

表 7-1　TT 接地系统字母的意思

接 地 系 统	字母的意思
T	
T	

（1）什么时候我们必须用这种类型的接地系统？

（2）这种配电类型的优点是什么？

（3）需要什么设备？

（4）为什么我们要在公共建筑系统中采用 TT 接地系统？

2. 学习 TT 接地系统

故障的发生：

在图 7-7 中，指示出故障电流 I_d 的流经路径。

（断路器 Q0 和 Q1 闭合）。

计算故障电流。不考虑电网阻抗。

（1）公式应用：＿＿＿＿＿＿＿＿＿＿＿＿＿＿＿＿＿＿＿＿＿＿＿＿。

（2）数据代入：＿＿＿＿＿＿＿＿＿＿＿＿＿＿＿＿＿＿＿＿＿＿＿＿。

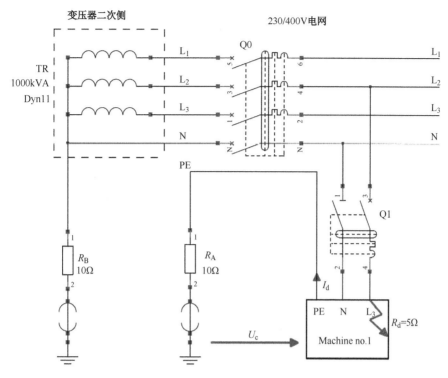

图 7-7 变压器二次侧 230/400V 电网

计算接触电压 U_c。

（1）公式应用：_____。

（2）数据代入：_____。

结论：人员有什么危险吗？为什么？

故障排除：故障必须立即消除。

要做到这一点，该保护装置必须在同电压等级下，分断前述电路的时间小于表中给定的时间。

从 NFC 15-100 中得知安全电压：$U_L = 50$ V。

3. 一般情况

使用表 7-2，给出保护装置消除之前所计算的故障电流所需的脱扣时间。在表中圈出你的选择。

脱扣时间：_____。

表 7-2 接触器电压和保护设备断开时间

接触电压	保护设备断开时间	
最大保护（V）	AC	DC
＜50	5	5
50	5	5
75	0.60	5
90	0.45	5
120	0.34	5
150	0.27	1
220	0.17	0.40
280	0.12	0.30
350	0.08	0.20
500	0.04	0.10

4. 剩余电流保护电器（RCD）

在住宅里，NFC 15-100 标准规定进线安装一个 500mA 的 RCD。这个值被称为"RCD 灵敏度"，用（$I_{\Delta n}$）表示。

需满足以下条件：

$$R_A \leqslant \frac{U_L}{I_{\Delta n}}$$

式中　R_A——外壳接地电阻；

$I_{\Delta n}$——保护装置的额定剩余电流；

U_L——常规安全极限电压。

对地电阻的值：$R_A=$＿＿＿＿＿＿＿＿＿＿。

计算住宅装置中的对地电阻值：＿＿＿＿＿＿＿＿＿＿。

（1）公式：＿＿＿＿＿＿＿＿＿。

（2）数据代入：＿＿＿＿＿＿＿＿。

在表 7-3 中圈出：$I_{\Delta n}$=500mA。

RCD 的最大额定剩余电流值和外壳接地电阻的最大值如表 7-3 所示。

表 7-3　RCD 的最大额定剩余电流值和外壳接地电阻的最大值

RCD 的最大额定剩余电流值($I_{\Delta n}$)		外壳接地电阻的最大值(Ω)	
低灵敏度	20 A	2.5	
	10 A　　5A	5　　10	
	3A	17	
中灵敏度	1A	50	
	500 mA	100	
	300 mA	167	
	100 mA	500	
高灵敏度	≤30 mA	＞500	

给出相关的接地极的电阻值：＿＿＿＿＿＿＿＿＿＿＿＿。

结论：＿＿＿＿＿＿＿＿＿＿＿＿＿＿＿＿＿＿＿＿＿＿。

7.3　练习 2：设备分析

问题：

当你收到"碧播"TT 试验箱后，在通电之前，你需要分析组成试验箱的各种材料和部件。

进行这个练习的目的是了解设备及其功能。

高等职业学校《电力与能源管理》专业 准备工作表 名称：接地系统		表格编号：练习 2 级别：高等职业学校一年级
学习地点：工业系统区域	学习媒介："碧播"TT 试验箱	
学生活动安排		相关的资源链接
1. 前期准备： （1）各种接地系统相关的课程； （2）不同接地系统的特性； （3）练习 1 已完成。		职责与任务 （1）F0：学习； （2）T0.1：按照指导文件完成相关操作（如安装、工作现场、设备等相关的操作）。
2. 提供纸质或电子版： （1）试验箱结构说明书； （2）标准和规范； （3）图表和图纸； （4）制造商文档； （5）详细指导书； （6）设备清单。		相关知识 （1）S1：配电系统； （2）S1-3：各种低压接地系统； （3）TT，IT，TN 接地系统； （4）不同接地系统的结构、特征和特性，有关人身安全的标准
3. 需要做到： （1）C1.3：理解与部分或全部试验箱结构有关的文档； （2）分析制造商的文档； （3）C3.1：为了操作指导文档的编译，验证与图纸、图表、明细表、报价、设备清单、工具及安全指令相关的所选方案； （4）分析技术文件。 4. 评估标准： （1）文本形式的报告要能清晰地说明实验过程； （2）报告要正确完成； （3）书面形式的论点需符合规范及标准中的参考文献的强制约束； （4）答案需正确		能力：C1，查询 技能：C1.3 能力：C3，评估 技能：C3.1
老师提出的建议：	成绩：　　　/20	分配时间：1 小时
结果：	学生名字：	

1．设备分析

"碧播"接地系统试验箱整体外观如图 7-8 所示。

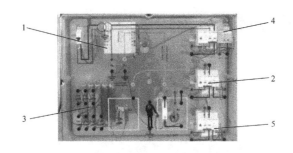

图 7-8 "碧播"接地系统试验箱整体外观

（1）给出试验箱供电电压：＿＿＿＿＿＿＿＿＿＿＿。

给出试验箱各元件名称：＿＿＿＿＿＿＿＿＿＿。

（2）完成 7-4 的表格（参考技术文件）

表 7-4 试验箱各元件名称和型号

编 号	元件名称	元件型号
1		
2		
3		
4		
5		

（3）通过完成表 7-5 解释上述各种元件的功能。

表 7-5 试验箱各元件功能

编 号	元件功能
1	
2	
4	

（4）完成表 7-6 元件功能参数。

表 7-6 元件功能参数

读取变压器铭牌额定值	答 案
一次侧电压：	
二次侧电压：	
变压器额定功率：	

（5）在下面的接线端子上，给出变压器二次侧的接线图。

① ③ ② ④

（6）标出变压器二次侧的输出电压。

（7）跳线应该处于（ ）位置。

A．J1 B．J2 C．J3 D．J4

如何判断变压器是否通电。

2．"Vigirex"模块

"Vigirex"模块如图 7-9 所示。

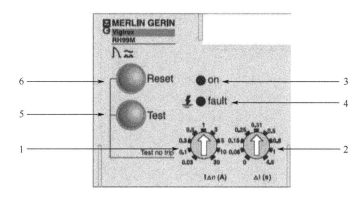

图 7-9 "Vigirex"模块

（1）给出该模块型号：_____。

（2）根据图 7-9 所示的"Vigirex"模块，将对应的部件功能填写在表 7-7 中。

表 7-7　"Vigirex"各部件功能

序　号	功　能
1	
2	
3	
4	
5	
6	

序号 1 和 2 所指的电位器用来设置参数，解释这两个电位器的功能（作用），如表 7-8 所示。

表 7-8　两个电位器的功能

编　号	功　能
1	
2	

（3）Vigirex 上绿色 LED 的功能：＿＿＿＿＿＿＿＿＿＿＿＿＿＿＿＿＿＿。

Vigirex 模块通过电路中的互感器测量剩余电流。

（4）给出互感器的型号：＿＿＿＿＿＿＿＿＿＿＿＿＿＿＿＿＿＿。

（5）完成"Vigirex"接线图（图 7-10）。

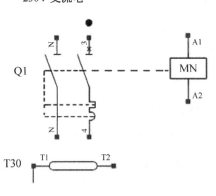
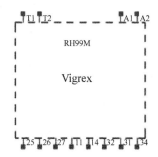

图 7-10　"Vigirex"接线图

3. 断路器

在图 7-11（a）和图 7-11（b）中，用箭头标出各个元件所对应的位置。

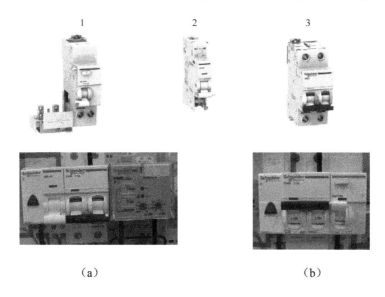

（a）   （b）

图 7-11 各个元件所对应的位置

（1）元件 1 的作用：_____。

（2）元件 2 的作用：_____。

（3）哪个部件用来指示断路器处于合闸位置并且已经上电？

（4）给出 1P +N 30mA 的剩余电流断路器的符号（Q3）：_____。

7.4 练习 3：外壳的互连和接地

问题： 外壳的互连和接地是否足以确保人员的安全？请在本节的练习中找出答案。

介绍： 试验箱通电，闭合 Q0。断开断路器 Q1、Q2、Q3，在断电情况下进行下列操作。

高等职业学校《电力与能源管理》专业 准备工作表 名称：外壳的互连与接地	表格编号：练习 3 级别：高等职业学校一年级
学习地点：住宅或民用系统区域	学习媒介："碧播" TT 试验箱
学生活动安排	相关的资源链接
1．前期准备： （1）各种接地系统相关的课程； （2）不同接地系统的特性； （3）练习 1 已完成； （4）练习 2 已完成。 2．提供纸质或电子版： （1）试验箱结构说明书； （2）标准和规范； （3）图表和图纸； （4）制造商文档； （5）详细指导书； （6）设备清单。 3．需要做到： （1）C1.3：理解与部分或全部试验箱结构有关的文档； （2）C3.1：为了操作指导文档的编译，验证与图纸、图表、明细表、报价、设备清单、工具及安全指令相关的所选方案。 4．评估标准： （1）文本形式的报告要能清晰地说明实验过程； （2）报告要正确完成； （3）书面形式的论点需符合规范及标准中的参考文献的强制约束； （4）所得结论应符合这个解决方案的预期	功能与任务 （1）F0：学习； （2）T0.1：按照指导文件完成相关操作（如安装、工作现场、设备等相关的操作） 相关知识： （1）S1：配电系统； （2）S1-3：TT，IT，TN 接地系统标准和法规； （3）有关人身安全的标准 能力：C1，查询 技能：C1.3 能力：C3，评估 技能：C3.1
老师提出的建议：	成绩：　　　/20		分配时间：1 小时
结果：	学生名字：		

操作 1

（1）接线图如图 7-12 所示。

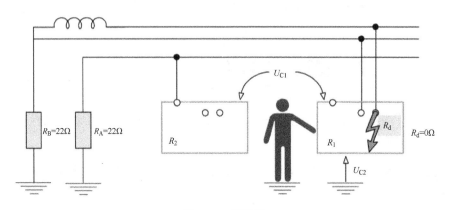

图 7-12　接线图

（2）依照设备连接图 1，完成试验箱接线。

（3）闭合 Q1、Q2、Q3 给设备通电。

（4）按下按钮 PB1，在负载 R_1 处模拟直接接地故障。

（5）测量电压 U_{C1}（图中人手之间的位置）的值：_____。

（6）测量电压 U_{C2} 的值：_____。

（7）依据测量结果所得结论：_____。

设备连接图 1 如图 7-13 所示。

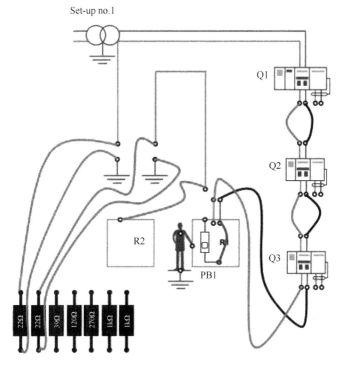

图 7-13　设备连接图 1

操作 2

（1）接线图如图 7-14 所示。

（2）断开 Q1 以断开电源，按照设备连接图 2，完成试验箱接线。然后合上 Q1 通电。

（3）按下按钮 PB1，在负载 R_1 处模拟直接接地故障。

（4）测量电压 U_{C1}（图中人手之间的位置）的值。

U_{C1} 的电压值：_____。

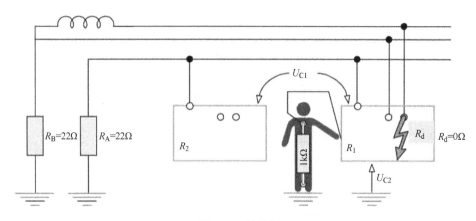

图 7-14　接线图

（5）测量电压 U_{C2} 的值：负载 R_1 的外壳与地之间的电压。

U_{C2} 的电压值：＿＿＿＿＿＿＿＿＿＿＿。

（6）在人的身体和脚之间串接 1kΩ 的电阻，使用钳形电流表去测量流经他的身体和手之间的电流值，然后按下按钮 PB1。

测量电流 I_{C2}，给出风险等级。

（7）依据测量结果所得结论：＿＿＿＿＿＿＿＿＿＿＿＿＿＿＿＿＿＿＿＿＿＿＿。

设备连接图 2 如图 7-15 所示。

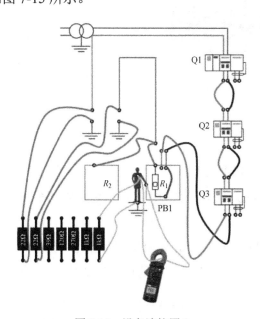

图 7-15　设备连接图 2

7.5　练习 4：Vigirex 剩余电流保护继电器的使用和设置

问题："碧播" TT 接地系统试验箱用一个剩余电流保护继电器取代了剩余电流保护器（RCD）。为了后面的练习，要求通过本节练习掌握其操作及熟悉它的各项设置。

通过练习从而理解 "Vigirex" 保护继电器的功能和操作。

高等职业学校《电力与能源管理》专业 准备工作表 名称：Vigirex 剩余电流保护继电器的使用和设置		表格编号：练习 4 级别：高等职业学校一年级	
学习地点：住宅或民用系统区域		学习媒介："碧播" TT 试验箱	
学生活动安排		相关的资源链接	
1．前期准备： （1）各种接地系统相关的课程； （2）不同接地系统的特性； （3）练习 1 已完成； （4）练习 2 已完成； （5）练习 3 已完成。 2．可以提供： （1）说明书和技术手册； （2）标准和规范； （3）图表和图纸； （4）制造商文档； （5）详细指导书； （6）设备清单； （7）测量仪器。 3．需要做到： （1）C2.7：搭配实验项目； （2）C1.3：理解与部分或全部试验箱结构有关的文档； （3）C2.9：检验实验的特征量； （4）C4.3：解释或翻译用户手册和指南。 4．评估标准： （1）预先配置参数； （2）配置要符合功能的要求； （3）文本或口头形式的报告要能清晰地说明实验过程； （4）合理使用测量仪器； （5）在确保绝对安全的情况下完成测量； （6）正确理解实验结果； （7）准确地完成调试报告。 报告内容要易于理解以便于用户操作实验设备		功能和任务 （1）F0：学习； （2）T0.1：按照指导文件完成相关操作（如安装、工作现场、设备等相关的）； （3）F3：调试； （4）T3.1：为了实验过程技术上的需要，要进行测试、设置、检查以及必要的修正； （5）T3.4：递交并解释用户指南	
		相关知识： （1）S1：配电系统 （2）S1-3：配电 ① TT，IT，TN 接地系统 ② 标准与法规 （3）S1-4：低压电网，对安装和人身提供保护的装置，剩余电流动作装置（RCD） （4）S5：调试、维护 （5）S5-1：调试 （6）在民用或工业应用中的产品调试	
		能力：C1，查询 技能：C1.3 能力：C2，执行 技能：C2.7　C2.9 能力：C4，沟通 技能：C4.3	
老师提出的建议：	成绩：　　　/20	分配时间：2 小时	
结果：	学生名字：		

在断电情况下：

（1）切断试验箱供电电源。

（2）分断断路器 Q1、Q2、Q3。

（3）认识设置电位器。

在图 7-16 中指出如下设置所对应的位置：

300mA =＿＿A　　　　　0.15s

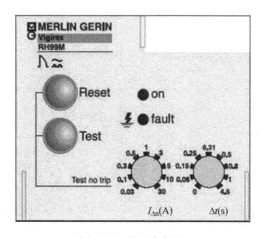

图 7-16　设置电位器

（4）模块的设置。

将电位器设置为 0.03A 和 0.06s，并在图 7-17 中标出。

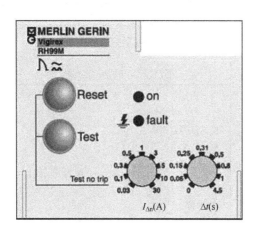

图 7-17　模块的设置

在通电情况下：

（1）请老师给试验箱通电。

（2）检查并确认断路器 Q0、Q1、Q2、Q3 均处于"断开"状态。

（3）按照图 7-18 接线图，连接好试验箱。

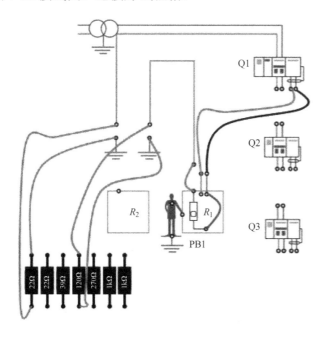

图 7-18 试验箱接线图

（4）断路器 Q0、Q1 合闸通电。

（5）在 Vigirex 上按下"测试"按钮，然后按下"复位"按钮。

解释按下"测试"按钮的作用：_____。

解释按下"复位"按钮的作用：_____。

（6）检查并确认断路器 Q0、Q1 处于"合闸"状态。按下按钮 PB1 会发生什么？

现在设置 Vigirex 延时 1s 和 0.3 A 的动作电流。

（7）按下按钮 PB1。

经过多长时间断路器会脱扣？

（8）完成如表 7-9 所示的 Vigirex 灵敏度和延时设置。

表 7-9 Vigirex 灵敏度和延时设置

序号 1	序号 2	灵敏度(mA)	延时时间(ms)
0.03	0		0
0.1			60
0.3	0.15		
		500	250
		1000	310
3	0.5		
5	0.8		
		10000	1000
30	4.5		

断路器如图 7-19 所示。

图 7-19 断路器

（9）哪一个元件用来检测故障？检测到的故障信息会发送给谁？

（10）剩余电流保护继电器如何处理下列情况？给出剩余电流保护继电器将如何动作？

故障电流小于设定的动作电流：_____。

故障电流大于设定的动作电流：_____。

（11）解释 Vigirex 延时的作用。

7.6　练习 5：设定剩余电流保护器的灵敏度

问题： 热磁断路器无法提供间接接触防护。

为了提供这一防护，需要剩余电流保护电器（RCD）。

如何依据接地电阻（R_A）的值来确定 RCD 的灵敏度（$I_{\Delta n}$）？

通过本节练习去理解怎样确定这个值。

高等职业学校《电力与能源管理》专业 准备工作表 名称：设定剩余电流保护器的灵敏度		表格编号：练习 5 级别：高等职业学校二年级
学习地点：住宅或民用系统区域		学习媒介："碧播"TT 试验箱
学生活动安排		相关的资源链接
1. 前期准备：		功能和任务：
（1）各种接地系统相关的课程；		（1）F0：学习
（2）不同接地系统的特性；		（2）T0.1：按照指导文件完成相关操作（如安装、
（3）练习 1 已完成；		工作现场、设备等相关的）操作
（4）练习 2 已完成；		相关知识：
（5）练习 3 已完成；		（1）S1：配电系统
（6）练习 4 已完成。		（2）S1-3：配电
2. 提供纸质或电子版：		① TT，IT，TN 接地系统；
（1）说明书；		② 人员安全的标准与法规。
（2）标准和规范；		（3）S1-4：低压电网
（3）图表和图纸；		对安装和人身提供保护的装置，剩余电流动作装
（4）制造商文档；		置（RCD）
（5）详细指导书；		
（6）设备清单。		
3. 需要做到：		
（1）C1.3：理解与部分或全部试验箱结构有关的文档；		能力：C1，查询
（2）C3.2：从技术和经济的角度判定与客户一起选择的方案；		技能：C1.3
（3）C3.1：为了操作指导文档的编译，验证与图纸、图表、明		能力：C3，评估
细表、报价、设备清单、工具及安全指令相关的所选方案。		技能：C3.1、C3.2
4. 评估标准：		
（1）文本或口头形式的报告要能清晰地说明实验过程；		
（2）书面或口头形式的论点需符合规范及标准中的参考文献的		
强制约束。		
老师提出的建议：	成绩：　　　/20	分配时间：1 小时
结果：	学生姓名：	

介绍：试验箱通电。闭合 Q0，断开断路器 Q1、Q2、Q3，在断电情况下进行下列操作。

测试 1

（1）接线图如图 7-20 所示。

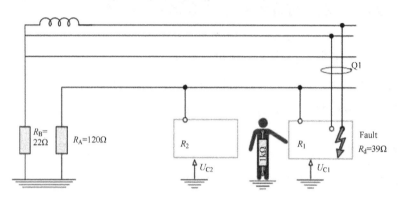

图 7-20　接线图

（2）按照设备连接图 1，完成试验箱接线。

（3）设置 Vigirex 阈值。

（4）闭合 Q1、Q2、Q3 给设备通电。

（5）按下按钮 PB1，在负载 R_1 处模拟直接接地故障。

电压 U_{C1} 的测量值：_____。

电压 U_{C2} 的测量值：_____。

（6）依据测量结果所得结论：_____。

设备连接图 1 如图 7-21 所示。

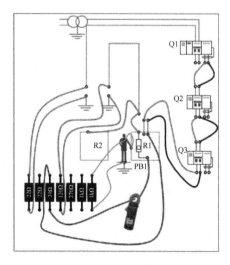

图 7-21　设备连接图 1

（7）使用钳形电流表测量故障电流 I_d。

I_d 的测量值：_____。

测试 2

（1）断开断路器 Q1。

（2）设置：

ΔT=60ms；Vigirex 的动作阈值 $I_{\Delta n}$ 满足方程：

$$R_A \leqslant \frac{U_L}{I_{\Delta n}}$$

将电位器设置成一个小于上面计算值的值。

（3）闭合断路器 Q1。

（4）按下按钮 PB1，在负载 R_1 处模拟直接接地故障。

会发生什么？

依据本测试所得结论：

7.7 练习 6：计算接地电阻的最大值

问题：如果 $I_{\Delta n}$（RCD 灵敏度）的值已知，如何确定接地电阻的最大值？通过本次练习来找到答案。

高等职业学校《电力与能源管理》专业 科学实验活动工作表 名称：计算接地电阻最大值	表格编号：练习6 级别：高等职业学校二年级
学习地点：住宅或民用系统区域	学习媒介："碧播"TT试验箱
学生活动安排	相关的资源链接
1．前提准备： （1）各种接地系统相关的课程； （2）不同接地系统的特性； （3）练习1、2、3已完成； （4）练习4已完成； （5）练习5已完成。	职责与任务 （1）F2：操作； （2）T2.3：检查结构操作一致性； （3）F3：试运行； （4）T3.1：完成结构的技术验收所需的测试、设置、核查及修正
2．提供纸版或电子版： （1）操作规范说明书和技术手册； （2）标准和规范； （3）图表和图纸； （4）详细指导书； （5）设备清单； （6）实验操作表； （7）测量仪器。 3．需要做到： （1）C2.7：搭配实验项目； （2）C2.8：检查操作和以下项目的兼容性： ① 操作规范说明书； ② 现行标准。 （3）C2.11：衡量人身安全保护措施的有效性； （4）C2.9：检验实验的特征量。	相关知识： （1）S1：配电系统 （2）S1-3：配电 TT，IT，TN接地系统 （3）接地布置 （4）人身安全相关标准 （5）S1-4：低压电网 （6）对安装和人身提供保护的装置，剩余电流保护装置（RCD） （7）S5：调试、维护 （8）S5-1：调试 （9）电气、物理和机械工程量的测量
4．评估标准： （1）配置参数为提前预设； （2）配置符合功能要求； （3）操作检查，保证操作的一致性； （4）与人身安全相关项按如下要求核验： ① 跳闸阈值测量； ② 接地电阻测量； ③ 测量误差。 （5）测量仪器选用恰当； （6）测量时保证安全； （7）正确演绎结果； （8）正确填写调试报告。	能力：C2，操作 技能：C2.7、C2.8、C2.9、C2.11
老师提出的建议：	成绩： /20	分配时间：1小时
结果：	学生名字：	

介绍

（1）试验箱通电，闭合 Q0。

（2）断开断路器 Q1、Q2、Q3，在断电情况下进行下列操作。

测试 1

（1）接线图如图 7-22 所示。

（2）依照设备连接图 1，完成试验箱接线

（3）设置 Vigirex 阈值：

$$I_{\Delta n} = 1\text{A}$$

$$\Delta t = 250\text{ms}$$

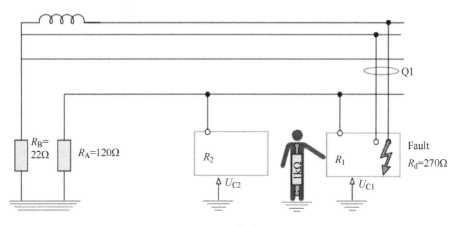

图 7-22　接线图

（4）闭合 Q1、Q2、Q3。

（5）按下按钮 PB1 在 R_1 处模拟一个故障。

测量电压 U_{C1}：_____。

测量电压 U_{C2}：_____。

（6）测量的结论：_____。

线路图

设备连接图 1 如图 7-23 所示。

测试 2

（1）断开断路器 Q1。

（2）用 $R_A = 39\Omega$ 替代 $R_A = 120\Omega$。

（3）接线图如图 7-24 所示。

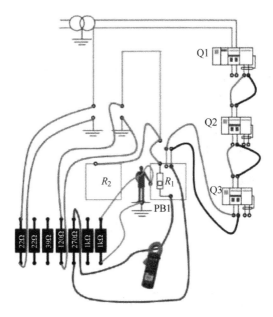

图 7-23　设备连接图 1

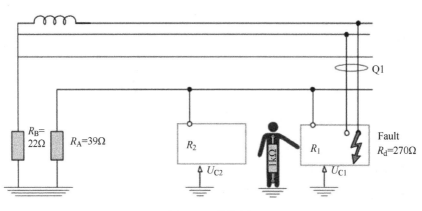

图 7-24　接线图

（4）闭合断路器 Q1。

（5）测量负载外壳对地电压。

测量电压 U_{C1}：＿＿＿＿＿＿＿＿＿＿＿＿。

测量电压 U_{C2}：＿＿＿＿＿＿＿＿＿＿＿＿。

（6）用钳形电流表测量故障电流 I_d。

测量 I_d：＿＿＿＿＿＿＿＿＿＿＿＿＿。

（7）通过计算 I_d 和 U_d 检验（在测试 2 的情况下）。等效图如图 7-25 所示。

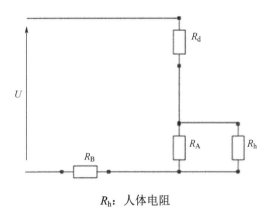

R_h: 人体电阻

图 7-25 等效图

计算 I_d:

$$I_d = \frac{U}{R_d + (\dfrac{R_A \times R_h}{R_A + R_h}) + R_B}$$

计算 U_d:

$$U_d = (\frac{R_A \times R_h}{R_A + R_h}) \times I_d$$

代入数值:

$I_d=$\underline{\hspace{4cm}}

$U_d=$\underline{\hspace{4cm}}

（8）结论：如何确定 R_A?

7.8 练习 7：剩余电流保护电器脱扣

问题：在剩余电流保护电器中，怎样实现电流选择性？怎样实现时间选择性？通过本次练习来找到答案。

高等职业学校《电力与能源管理》专业 科学实验活动工作表 名称：剩余电流保护器脱扣	表格编号：练习7 级别：高等职业学校二年级
学习地点：住宅或民用系统区域	学习媒介："碧播"TT试验箱
学生活动安排	相关的资源链接
1．前提准备： （1）各种接地系统相关的课程； （2）不同接地系统的特性； （3）练习1、2、3已完成； （4）练习4已完成； （5）练习5已完成； （6）练习6已完成。	职责与任务 （1）F3：试运行； （2）T3.1：完成结构的技术验收所需的测试、设置、核查及修正； （3）F5：客户相关； （4）T5.1：询问客户的需求并理解需求，提出建议并展现给客户
2．提供纸版或电子版： （1）操作规范说明书和技术手册； （2）正确安装并检查过的试验箱； （3）安装图； （4）标准相关条款； （5）测量仪器。 3．需要做到： （1）C2.7：搭配实验项目； （2）C2.11：衡量人身安全保护措施的有效性； （3）C3.2：从技术和经济的角度判定与客户一起选择的解决方案。	相关知识： （1）S1：配电系统 （2）S1-3：配电 ① TT，IT，TN接地系统 ② 标准和法规 ③ 人身安全相关法规 （3）S1-4：低压电网 对安装和人身提供保护的装置 剩余电流保护电器（RCD） 保护装置选择性配合（整体或部分） ① 时间 ② 电流
4．评估标准： （1）配置参数为提前预设。 （2）设定Vigirex。 （3）配置符合功能要求。 （4）与人身安全相关项按如下要求核验： ① 跳闸阈值测量； ② 等电位测量； ③ 测量误差。 （5）测试1、2、3。 （6）只有用来选择技术解决方案的项目由公式给出。 （7）测试显示了剩余电流保护装置的区别	能力：C2，操作 技能：C2.7　C2.11 能力：C3，评估 技能：C3.2
老师提出的建议：	成绩：　　/20	分配时间：1小时
结果：	学生名字：	

介绍：

（1）试验箱通电，闭合Q0。

（2）断开断路器Q1、Q2、Q3，在断电情况下进行下列操作。

测试1

（1）接线图如图7-26所示。

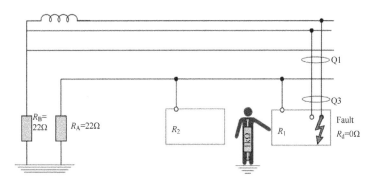

图 7-26 接线图

（2）依照设备连接图 1 完成试验箱接线。

（3）给出定义：

电流选择性：＿＿＿＿＿＿＿＿＿＿＿＿＿＿＿＿＿＿＿＿＿＿。

时间选择性：＿＿＿＿＿＿＿＿＿＿＿＿＿＿＿＿＿＿＿＿＿＿。

（4）设置 Vigirex 阈值：$I_{\Delta n} = 1$ A，$\Delta t = 0$ ms。

（5）闭合 Q1、Q2、Q3 给设备通电。

（6）按下按钮 PB1 在 R_1 处模拟一个故障。

会发生什么？并给出解释。

有选择性吗？如果有，是哪种类型？

（7）设置 Vigirex 阈值：$I_{\Delta n} = 1$ A，$\Delta t = 250$ ms。

（8）闭合 Q1、Q2、Q3 来给设备通电。

（9）按下按钮 PB1 在 R_1 处模拟一个故障。

会发生什么？并给出解释。

有选择性吗？如果有，是哪种类型？

设备连接图 1 如图 7-27 所示。

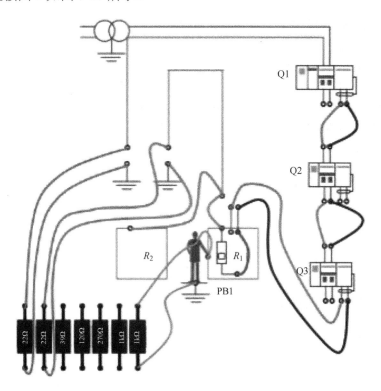

图 7-27　设备连接图 1

测试 2

（1）断开断路器 Q1。

（2）接入剩余电流保护器 Q2。

（3）设置 Vigirex 阈值：

$$I_{\Delta n} = 0.3 \text{ A}$$

$$\Delta t = 0.15 \text{ s}$$

（4）接线图：设备连接图 2 如图 7-28 所示。

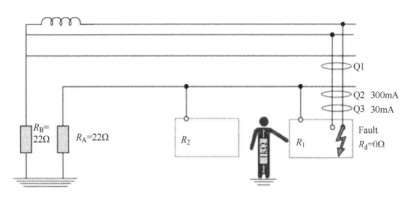

图 7-28 设备连接图 2

（5）闭合断路器 Q1。

（6）检查断路器 Q2 和 Q3 是否闭合。

（7）按下按钮 PB1 在 R_1 处模拟故障。

会发生什么？

存在什么类型的选择性？与哪个断路器相关？为什么？

设备连接图 3 如图 7-29 所示。

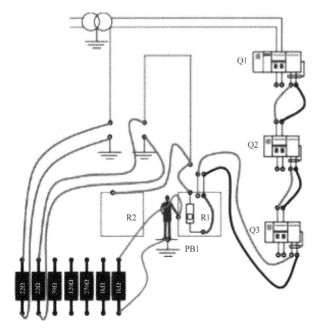

图 7-29 设备连接图 3

测试 3

（1）断开断路器 Q1。

（2）接线图如图 7-30 所示。

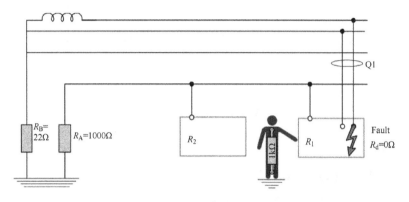

图 7-30　接线图

（3）设置 Vigirex 阈值：

$$I_{\Delta n}=0.3\ \text{A}$$

$$\Delta t=4.5\ \text{s}$$

（4）闭合断路器 Q1。

（5）检查断路器 Q2 和 Q3 闭合。

（6）按下按钮 PB1 在 R1 处模拟故障。

测量 I_d=_____。

设备连接图 4 如图 7-31 所示。

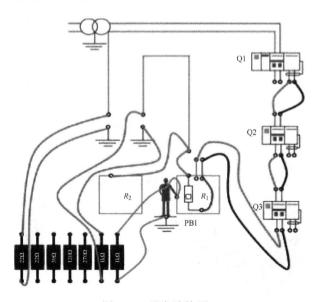

图 7-31　设备连接图 4

测试 4

（1）断开断路器 Q1。

（2）接线图如图 7-32 所示。

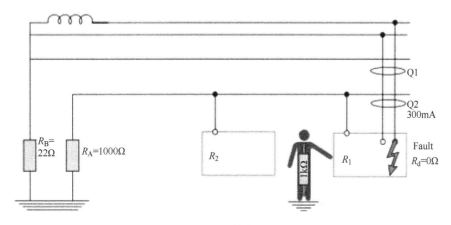

图 7-32 接线图

（3）设置 Vigirex 阈值：

$$I_{\Delta n} = 0.3\ \text{A}$$

$$\Delta t = 250\ \text{ms}$$

（4）闭合断路器 Q1。

（5）检查断路器 Q2 和 Q3 闭合。

（6）按下按钮 PB1 在 R_1 处模拟故障。

会发生什么？

Q1 和 Q2 的选择性是什么类型的？

设备连接图 5 如图 7-33 所示。

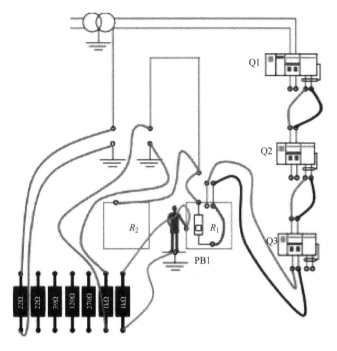

图 7-33　设备连接图 5

测试 5

（1）断开断路器 Q1。

（2）接线图如图 7-34 所示。

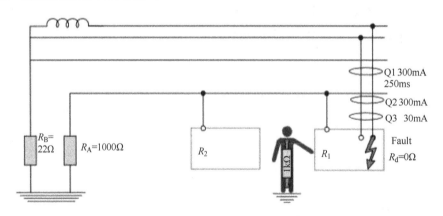

图 7-34　接线图

（3）设置 Vigirex 阈值：

$$I_{\Delta n}=0.3\text{A}$$

$$\Delta t = 250 \text{ ms}$$

（4）闭合断路器 Q1。

（5）检查断路器 Q2 和 Q3 闭合。

（6）按下按钮 PB1 在 R_1 处模拟故障。

会发生什么？

在 Q2 和 Q3 之间有哪种类型的选择性？

（7）选择性的目的是什么？

设备连接图 6 如图 7-35 所示。

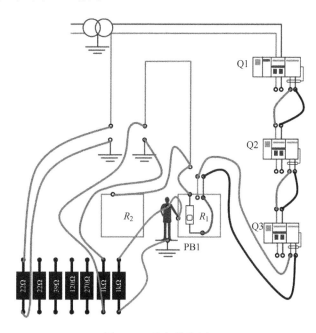

图 7-35 设备接线图 6

7.9 练习 8：检查接地电阻值

问题：必须定期检查接地电阻值。为什么？

通过本节练习理解检查接地电阻值的重要性。

高等职业学校《电力与能源管理》专业 科学实验活动工作表 名称：检查接地电阻值	表格编号：练习 8 级别：高等职业学校二年级
学习地点：住宅或民用系统区域	学习媒介："碧播"TT 试验箱
学生活动安排	相关的资源链接
1．前提准备： （1）各种接地系统相关的课程； （2）不同接地系统的特性； （3）练习 1、2、3 已完成； （4）练习 4、5、6 已完成； （5）练习 7 已完成。	职责与任务： （1）F2：操作 （2）T2.3：检查结构操作一致性 （3）F4：维护 （4）T4.3：检测故障或操作故障及其起源 （5）T4.5：恢复试验箱结构至运行状态
2．提供纸版或电子版： （1）操作规范说明书和技术手册； （2）标准和规范； （3）制造商文档； （4）详细指导书。 3．需要做到： （1）C2.7：搭配实验项目。 （2）C2.8：检查操作和以下项目的兼容性： ① 操作规范说明书； ② 现行标准。 （3）C2.14：识别错误项及在纠正性维护操作（治标或治本）中的项目。	相关知识： （1）S1：配电系统 （2）S1-3：配电 ① TT，IT，TN 接地系统 ② 接地布置 （3）S5：调试、维护 （4）S5-2：维护 矫正维护操作 诊断
4．评估标准： （1）配置参数为提前预设； （2）设定 Vigirex； （3）配置符合功能要求； （4）接线正确无误； （5）操作检查保证操作的一致性； （6）测量值准确； （7）在定位之后确认错误点； （8）结论验证了检查的重要性。	能力：C2，操作 技能：C2.7、C2.8、C2.14
老师提出的建议：	成绩：　　/20	分配时间：1 小时
结果：	学生名字：	

介绍：

（1）试验箱通电，闭合 Q0。

（2）断开断路器 Q1、Q2、Q3，在断电情况下进行下列操作。

测试 1

（1）接线图如图 7-36 所示。

（2）依照设备连接图 1 完成试验箱接线。

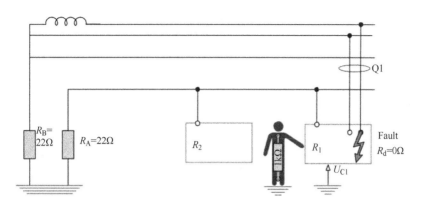

图 7-36 接线图

（3）设置 Vigirex 阈值：

$$I_{\Delta n} = 1 \text{ A}$$

$$\Delta t = 250 \text{ ms}$$

（4）闭合 Q1、Q2、Q3 给设备通电。

（5）按下按钮 PB1 在 R_1 处模拟一个单相接地故障。

会发生什么？给出解释。

测量 I_d：_____。

结论：_____。

设备连接图 1 如图 7-37 所示。

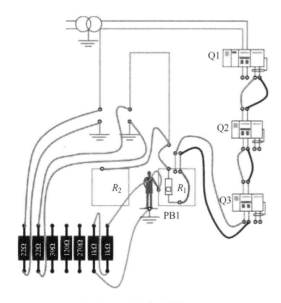

图 7-37 设备连接图 1

测试 2

（1）断开断路器 Q1。

（2）接线图如图 7-38 所示。

用电阻 R_A= 390Ω 更换电阻 R_A= 22Ω（串联 120Ω 电阻和 270Ω 电阻）。

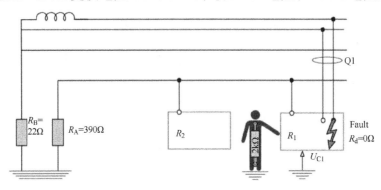

图 7-38　接线图

（3）依照设备连接图 2 完成试验箱接线。

（4）闭合 Q1 给设备通电。

（5）按下按钮 PB1 在 R_1 处模拟一个单相接地故障。会发生什么？给出解释。

（6）测量。

I_d：_____。

U_{c1}：_____。

结论：_____。

设备连接图 2 如图 7-39 所示。

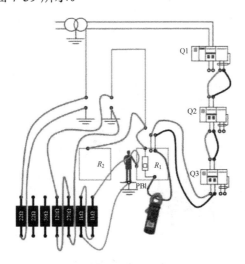

图 7-39　设备连接图 2

7.10　**练习 9：火灾危险**

问题：户内火灾必须用灵敏度 300mA 的剩余电流保护电器来保护，放置在有可能发生火灾的地方。为什么？

通过本节练习来寻求答案（NFC15-100 标准的条款 482.2.10）（500mA=导致两个导电部件的接触点灼热的极限电流）。

高等职业学校《电力与能源管理》专业 科学实验活动工作表 名称：火灾危险		表格编号：练习 9 级别：高等职业学校二年级
学习地点：住宅或民用系统区域		学习媒介："碧播"TT 试验箱
学生活动安排		相关的资源链接
1．前提准备： （1）各种接地系统相关的课程； （2）不同接地系统的特性； （3）练习 1、2、3、4 已完成； （4）练习 5、6、7、8 已完成。 2．提供纸版或电子版： （1）操作规范说明书； （2）标准相关条款； （3）测量仪器； （4）标准和规范； （5）制造商文档； （6）详细指导书。 3．需要做到： （1）C2.7：搭配实验项目； （2）C2.11：衡量人身安全保护措施的有效性； （3）C3.1：为了操作指导文档的编译，验证与图纸、图表、明细表、报价、设备清单、工具及安全指令相关的所选方案； （4）完成文档。 4．评估标准： （1）配置参数为提前预设。 （2）配置符合功能要求。 （3）测量计算正确无误。 （4）与人身安全相关项按如下要求核验： ① 跳闸阈值测量； ② 测量误差； （5）实验验证了误差存在。 （6）书面形式或口头表述的论点均需符合规范以及标准中的参考文献的强制约束。 （7）正确完成报告。		职责与任务： （1）F0：学习 （2）T0.1：按照指导文件完成相关操作（如安装、工作间、设备等相关的） （3）F3：试运行 （4）T3.1 完成结构的技术验收所需的测试、设置、核查及修正。 相关知识： （1）S1：配电系统 （2）S1-3：配电 ① TT、IT、TN 接地系统 ② 标准和法规 （3）S6：质量、安全和规则 （4）S6-4：文本和规则 标准 能力：C2，操作 技能：C2.7、C2.11 能力：C3，评估 技能：C3.1
老师提出的建议：	成绩：　　/20	分配时间：1 小时
结果：	学生名字：	

介绍：

（1）试验箱通电，闭合 Q0。

（2）断开断路器 Q1、Q2、Q3，在断电情况下进行下列操作。

测试 1

（1）接线图如图 7-40 所示。

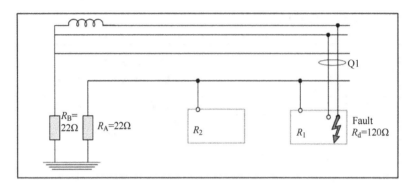

图 7-40　接线图

（2）依照设备连接图 1 完成试验箱接线。

（3）设置 Vigirex 阈值：

$$I_{\Delta n} = 3\ A$$

$$\Delta t = 250\ ms$$

（4）闭合 Q1、Q2、Q3 给设备通电。

（5）按下按钮 PB1 在 R_1 处模拟一个 120Ω 的故障电阻。

会发生什么？给出解释。

计算故障电流 I_d。

测量故障电流并给出结论。

设备连接图 1 如图 7-41 所示。

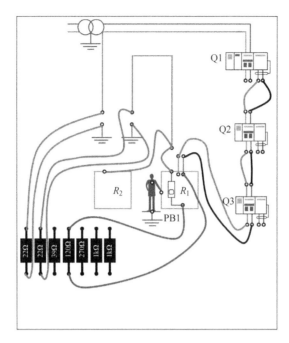

图 7-41 设备连接图 1

测试 2

（1）断开 Q1，在断电情况下进行操作。

（2）接线图如图 7-42 所示。

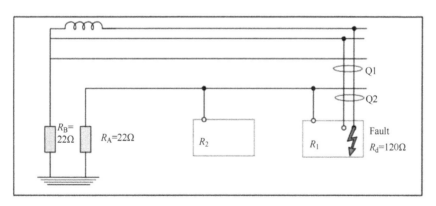

图 7-42 接线图

（3）依照设备连接图 2 完成试验箱接线。

（4）设置 Vigirex 阈值：

$$I_{\Delta n} = 3\ \text{A}$$

$$\Delta t = 250\ \text{ms}$$

（5）闭合 Q1、Q2、Q3 给设备通电。

（6）按下按钮 PB1 在 R_1 处模拟一个 120Ω 的故障电阻。

会发生什么？

有火灾隐患场所的结论。

设备连接图 2 如图 7-43 所示。

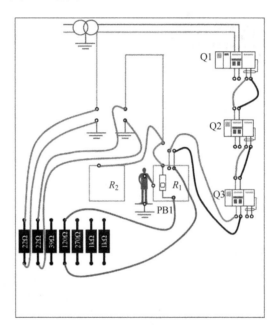

图 7-43　设备连接图 2

第 8 章　电气图

电气图 1 如图 8-1 所示。

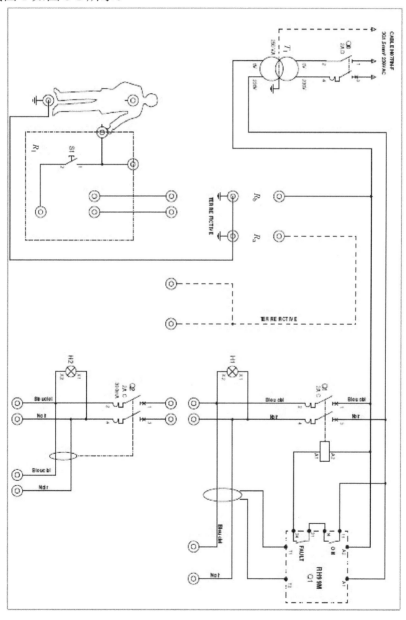

图 8.1　电气图 1

电气图 2 如图 8-2 所示。

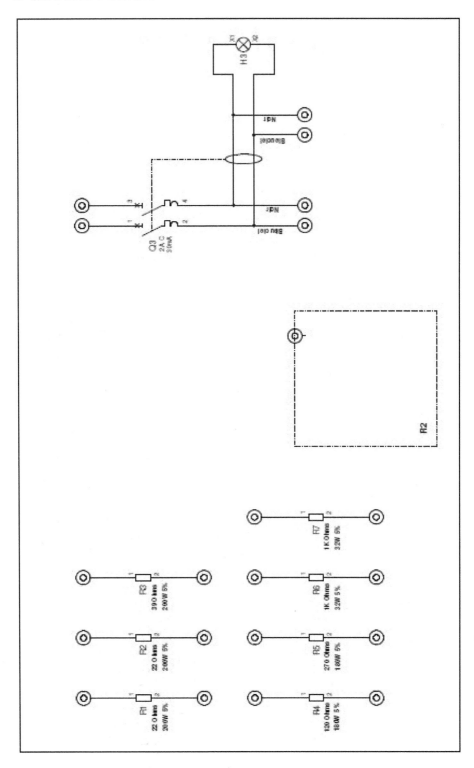

图 8.2　电气图 2

第9章 内部元件的技术参数

9.1 DT40 断路器

DT40 断路器的技术参数如表 9-1 所示。

表 9-1 DT40 断路器的技术参数

电路和人身防护 "支路"保护和控制 PRODIS 系统"支路"保护 DT40 断路器，Vigi DT40 附件							
脱扣曲线的选择： C 曲线：常规负载 B 曲线：长电缆，短路电流较小的负载 D 曲线：启动电流大的冲击性负荷	断路器		DT40 6kA(1)			DT40N 10kA(2)	
	宽度 (9mm 的 倍数)	额定 电流 (A)	曲线 C	曲线 B	曲线 D	曲线 C	曲线 D
1P+N							
 DT40　　Vigi DT40	2	1	21019			21360	21371
		2	21020			21361	21372
		3	21021			21362	
		4	21022			21363	21373
		6	21023	21009		21364	21374
		10	21024	21010		21365	21375
		16	21025	21011		21366	21376
		20	21026	21012		21367	21377
		25	21027	21013		21368	21378
		32	21028	21014		21369	21379
		40	21029	21015		21370	21380
3P							
 DT40　　Vigi DT40	6	6	21043		21053	21384	21394
		10	21044		21054	21385	21395
		16	21045		21055	21386	21396
		20	21046		21056	21387	21397
		25	21047		21057	21388	21398
		32	21048		21058	21389	21399
		40	21049		21059	21390	21400

	3P+N					
		6	21063		21073	21404	21414
		10	21064		21074	21405	21415
		16	21065		21075	21406	21416
	6	20	21066		21076	21407	21417
		25	21067		21077	21408	21418
		32	21068		21078	21409	21419
		40	21069		21079	21410	21420

DT40   Vigi DT40

（1）分断能力		（2）分断能力	
电压(V AC)	Pdc	电压(V AC)	Pdc
根据 NF EN 60947-	I_{cu}	根据 NF EN 60947-	I_{cu}
230/240		230/240	
1P+N	6kA (*)	1P+N	10kA
3P，3P+N	10kA	3P，3P+N	15kA
400/415		400/415	
1P+N	2kA(*)	1P+N	2kA(*)
3P，3P+N	6kA	tri，tri+neutre	10kA
根据 NF EN 6089	I_{cn}	根据 NF EN 6089	I_{cn}
230 1P+N	4500A	230 1P+N	6000A
400 3P，3P+N	4500A	400 3P，3P+N	6000A
(*)…IT 接地系统中 1P 的分断能力（发生二次故障时）		(*)…IT 接地系统中 1P 的分断能力（发生二次故障时）	

9.2　iC60 断路器

iK60N 断路器和 iC60N 断路器如表 9-2 所示。

表 9-2　iK60N 断路器和 iC60N 断路器

断路器选择指南					
类型			iK60N		iC60N
标准			IEC/EN 60898-1		IEC/EN 60947-2，60898-1
标签			国家颁发		国家颁发
极数			1P，1P+N	2，3，4P	1P，1P+N	2，3，4P
可加剩余电流保护模块(Vigi)			—		
远程脱扣指示附件			—		
电气特性					
曲线			B，C		B，C，D
额定值(A)		I_n	1～63		0.5～63
最大工作电压(V)	U_e 最大	AC (50/60 Hz)	230/400		240/415，440
		DC	—		250
最小工作电压(V)	U_{Ue} 最小	AC (50/60 Hz)	—		12
		DC	—		12
绝缘电压(V AC)		U_i	400		500
额定冲击耐受电压 (kV)		U_{imp}	4		6
限流等级 40 A (EN 60898)			3		3

续表

分断能力						
IEC/EN 60898 (A) I_{cn} 240/415 V 230/400 V		6000	6000	6000		6000
AC-分断能力 U_e (50/60 Hz)		1P, 1P+N	2, 3, 4P	1P, 1P+N		2, 3, 4P
额定值(A) I_n		1~63				
IEC 60947-2 (kA)　　I_{cu}	12~60 V	—	—	50	36	—	—
	12~133 V	—	—	—	—	50	36
	100~133 V	—	—	50	20	—	—
	220~240 V	—	—	50	10	50	20
	380~415 V	—	—	—	—	50	10
	440 V	—	—	—	—	25	6
I_{cs}		—		100 % of I_{cu}	75 % of I_{cu}	100 % of I_{cu}	75 % of I_{cu}
DC-分断能力　　　U_e　　DC						
IEC 60947-2 (kA)　I_{cu}　12~60 V (1P)		—		15		
≤ 72 V (1P)		—		10		
≤125 V (2P)		—		10		
≤180 V (3P)		—		10		
≤250 V (3P)		—		10		
I_{cs}		—		100 % of I_{cu}		
其他特性						
符合 IEC/EN 60947-2 标准的工业隔离		—		—		
符合 IEC/EN 60947-2 标准的温度要求		—		50		
故障报警指示		—		Visi-trip 窗口		
确实的触头状态指示		—		—		
快速闭合		—		—		
IP 保护等级	单独设备	IP20		IP20		
	开关柜里的设备	IP40 II 类绝缘		IP40 II 类绝缘		
详情见标准		CA901006 and CA901007		CA901002		
附件				CA907000 and CA907001		
辅件				CA907000 and CA907002		
可加剩余电流保护模块(Vigi)		—		CA902005		

iC60H 断路器和 iC60L 断路器如表 9-3 所示。

表 9-3　iC60H 断路器和 iC60L 断路器

保护断路器										
iC60H				iC60L						
IEC/EN 60947-2, 60898-1				IEC/EN 60947-2，60898-1						
国家颁发				国家颁发						
1P，1P+N		2，3，4P		1P				2，3，4P		
B，C，D				B，C，K，Z						
0.5～63				0.5～63						
AC (50/60 Hz)	240/415，440			240/415，440						
DC	250			250						
AC (50/60 Hz)	12			12						
DC	12			12						
	500			500						
	6			6						
	3			—						
240/415 V - 230/400 V	10000		10000	15000				15000		
	1P，1P+N		2，3，4P	1P				2，3，4P		
12～60 V	0.5～4 A	6～63 A	0.5～4 A	6～63 A	0.5～4 A	6～25 A	32/40 A	50/63 A	0.5～4 A	6～25 A	32/40 A	50/63 A

12～133 V	70	42	—	—	100	70	70	70	—	—	—	—
100～133 V	—	—	70	42	—	—	—	—	100	70	70	70
220～240 V	70	30	—	—	100	50	36	30	—	—	—	—
380～415 V	70	15	70	30	100	25	20	15	100	50	36	30
440 V	—	—	70	15	—	—	—	—	100	25	20	15
	—	—	50	10	—	—	—	—	70	20	15	10
	100 % of I_{cu}	50 % of I_{cu}	100 % of I_{cu}	50 % of I_{cu}	100 % of I_{cu}	50 % of I_{cu} (1)	50 % of I_{cu}	50 % of I_{cu}	50 % of I_{cu}	50 % of I_{cu} (1)	50 % of I_{cu}	50 % of I_{cu}

12···60 V (1P)	20	25
≤72 V (1P)	15	20
≤125 V (2P)	15	20
≤180 V (3P)	15	20
≤250 V (4P)	15	20
	100 % of I_{cu}	100 % of I_{cu}

	50℃	50℃
	Visi-trip 窗口	Visi-trip 窗口
	IP20	IP20
	IP40	IP40
	Ⅱ 类绝缘	Ⅱ 类绝缘
	CA901003	CA901004
	CA907000 and CA907001	CA907000 and CA907001
	CA907000 and CA907002	CA907000 and CA907002
	CA902005	CA902005

9.3　剩余电流动作保护装置

Vigi iC60 产品参数特性表如表 9-4 所示。

表 9-4　Vigi iC60 产品参数特性表

	A9Q11225	
	Vigi iC60–剩余电流动作保护装置-2P-25A-30mA–AC 类	
	主要参数	
	产品状态	在售
	产品类型及构成	剩余电流动作保护附件
	产品名称	Vigi iC60
	极数	2P
	额定电流（I_n）	25A
	供电类型	C.A.
	频率	50/60Hz
	额定电压（U_n）	400/415 V AC 50/60 Hz 符合 IEC61009-1 400 V AC 50/60 Hz 符合 EN 61009-1
	额定剩余动作电流	30mA
	动作时间	瞬动型
	类别	AC 类
	宽度（9mm 的倍数）	3
	补充说明	
安装类型	插拔式	
过压保护功能	无	
剩余电流保护技术	无须电压	
额定绝缘电压（U_i）	500 V 符合 IEC 60947-2	
额定冲击耐受电压（U_{imp}）	6 kV 符合 IEC 60947-2	
本地指示	脱扣指示	
安装方式	固定式	
装配支撑	DIN 导轨	
断路器连接	插入式	
梳状母排兼容性	可用	
高	91 mm	
宽	27 mm	
深	73.5 mm	
重量	0.165 kg	
颜色	白色	
接线方式	壳体底部带有接线柱电缆连接：16mm² 带端头的柔性电缆 壳体底部带有接线柱电缆连接：16mm² 无端头柔性电缆 壳体底部带有接线柱电缆连接：25mm² 无端头的刚性电缆	

续表

接线长度	14 mm
扭矩	2 N·m
产品一致性	标准接线端子
环境	
标准	EN 61009-1 IEC 61009-1
IP 防护等级	IP20
污染等级	3 符合 IEC 60947-2
电磁兼容性	8/20 μs 250 A 电磁干扰符合 IEC 61009-1
工作温度	−5～60℃
储存环境温度	−40～85 ℃

	A9Q14225 Vigi iC60 – 剩余电流动作保护附件- 2P – 25A - 300mA – AC 类	
	主要参数	
	产品状态	在售
	产品类型及构成	剩余电流动作保护附件
	产品名称	Vigi iC60
	极数	2P
	额定电流（I_n）	25A
	供电类型	C.A.
	频率	50/60Hz
	额定电压（U_n）	400/415 V AC 50/60 Hz 符合 IEC61009-1 400 V AC 50/60 Hz 符合 EN 61009-1
	额定剩余动作电流	300mA
	动作时间	瞬动型
	类别	AC 类
	宽度（9mm 的倍数）	3

补充说明	
安装类型	插拔式
过压保护功能	无
差动保护技术	无须电压
额定绝缘电压（U_i）	500 V 符合 IEC 60947-2
额定冲击耐受电压（U_{imp}）	6 kV 符合 IEC 60947-2
本地指示	脱扣指示
安装方式	固定式
装配支撑	DIN 导轨
断路器连接	插入式
梳状母排兼容性	可用
高	91 mm
宽	27 mm

续表

深	73.5 mm
重量	0.165 kg
颜色	白色
接线方式	壳体底部带有接线柱电缆连接：16mm²带端头的柔性电缆 壳体底部带有接线柱电缆连接：16mm²无端头柔性电缆 壳体底部带有接线柱电缆连接：25mm²无端头的刚性电缆
接线长度	14 mm
扭矩	2 N•m
产品一致性	标准接线端子
环境	
标准	EN 61009-1 IEC 61009-1
IP 防护等级	IP20
污染等级	3 符合 IEC 60947-2
电磁兼容性	8/20 μs 250 A 电磁干扰符合 IEC 61009-1
工作温度	−5～60℃
储存环境温度	−40～85℃

9.4 分励脱扣线圈

分励脱扣线圈的参数特性表如表 9-5 所示。

表 9-5 参数特性表

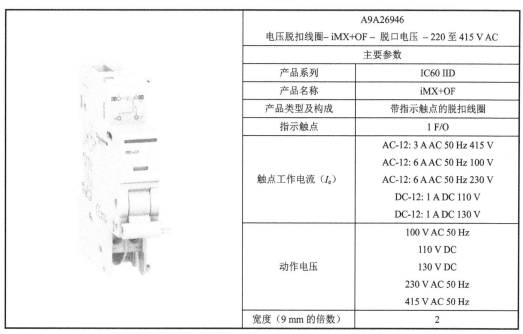

	A9A26946 电压脱扣线圈– iMX+OF – 脱口电压 – 220 至 415 V AC
	主要参数
产品系列	IC60 IID
产品名称	iMX+OF
产品类型及构成	带指示触点的脱扣线圈
指示触点	1 F/O
触点工作电流（I_e）	AC-12: 3 A AC 50 Hz 415 V AC-12: 6 A AC 50 Hz 100 V AC-12: 6 A AC 50 Hz 230 V DC-12: 1 A DC 110 V DC-12: 1 A DC 130 V
动作电压	100 V AC 50 Hz 110 V DC 130 V DC 230 V AC 50 Hz 415 V AC 50 Hz
宽度（9 mm 的倍数）	2

续表

补充说明	
本地指示	动作指示
安装方式	固定式
安装支撑	35 mm DIN 导轨

9.5 Vigirex 继电器与环形电流互感器

常用的有 RH10M、RH99M 和 RH21M 继电器。

1. RH10M 继电器

RH10M 继电器如图 9-1 所示。

功能与特性　　　　产品介绍

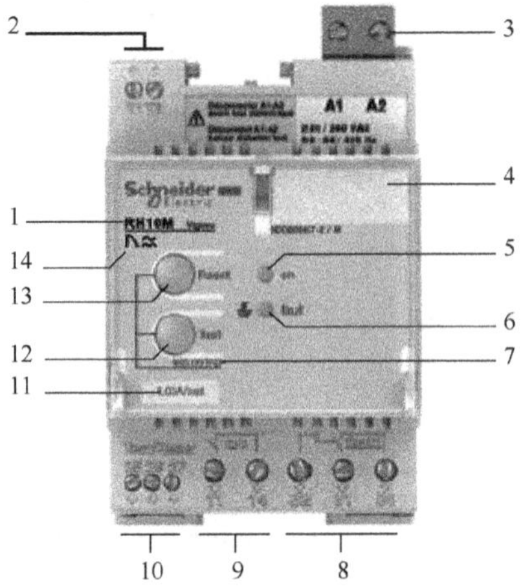

图 9-1　RH10M 继电器

继电器的部分标识如下。

1——继电器类型。

4——客户标识区（电路识到）。

11——灵敏度（RH10M）。

14——继电器等级。

7——按住复位（Reset）按钮，然后按住测试（Test）按钮，即可在不触发输出触点条件下进行测试。

12——（Test）按钮。

13——复位（Reset）按钮。

5——LED 绿灯亮表示有电压（正常运行）。

6——LED 红灯亮表示绝缘故障（故障）。

LED 状态及含义如表 9-6 所示。

表9-6　LED 状态及含义

LED 状态		含义
开机状态	故障	
◎	●	正常运行
◎	●	未测到故障电流
◎	●●●	继电器/电流互感器连接故障
●	●	无电压或继电器故障
●	●	未检测到故障

2. RH99M 继电器

RH99M 继电器如图 9-2 所示。

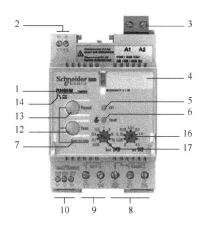

图9-2　RH99M 继电器

重要符号：

● 　　　　　　　　　　关

◎● 　　　　　　　　　绿色（或红色）

●●● 　　　　　　　　闪光

设定操作值：

15——阈值和相延时选择器（RH21）

三个可能的设定值：

① 0.03A 的灵敏度，瞬时；

② 0.3A 的灵敏度，瞬时；

③ 0.3A 的灵敏度，0.06s 的延时。

16——延时选择器（RH99）。

9 个设定值（瞬时、0.06s、0.15s、0.25s、0.31s、0.5s、0.8s、1s、4.5s），如表 9-7 所示。

表 9-7　延时选择器

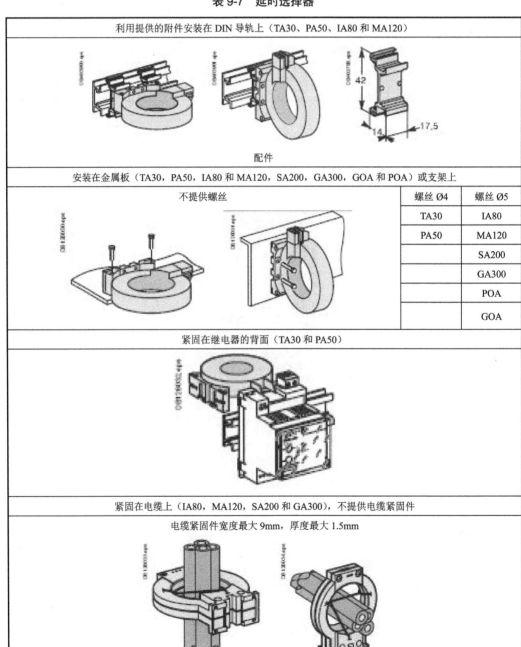

利用提供的附件安装在 DIN 导轨上（TA30、PA50、IA80 和 MA120）		
配件		
安装在金属板（TA30，PA50，IA80 和 MA120，SA200，GA300，GOA 和 POA）或支架上		
不提供螺丝	螺丝 Ø4	螺丝 Ø5
	TA30	IA80
	PA50	MA120
		SA200
		GA300
		POA
		GOA
紧固在继电器的背面（TA30 和 PA50）		
紧固在电缆上（IA80，MA120，SA200 和 GA300），不提供电缆紧固件		
电缆紧固件宽度最大 9mm，厚度最大 1.5mm		

续表

紧固在电缆上（矩形电流互感器）
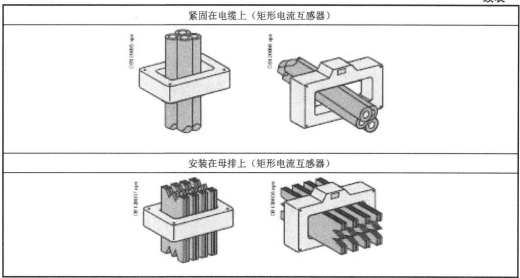
安装在母排上（矩形电流互感器）

17——阈值选择器（RH99）。

9 个设定值（0.03A、0.1A、0.3A、0.5A、1A、3A、5A、10A、30A）。

3．RH21M 继电器

RH21M 继电器如图 9-3 所示。

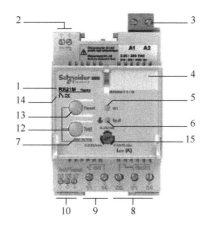

图 9-3　RH21M 继电器

连接：

2——电流互感器；

3——插入式电源；

8——故障触点；

9——电压指示触点；

10——远程复位/测试；

优化运行连续性的接线方法如表 9-8 所示。

表 9-8　优化运行连续性的接线方法

| 在所有的图中，回路都是不加电的，所有的设备都被断开，而且继电器处于释放位置。

L：灯
MX：分励线圈
Q1：保护主电路的断路器
Q2：DPN 断路器
Q3：1 A 断路器，曲线 C 或 D
RH10M，RH21M 和 RH99M：
（1）A1-A2：辅助电源
（2）T1-T2：A 或 OA 型环形或矩形电流互感器（如果 $I_{\Delta n} \geqslant 500$ mA）
（1）11-14：电压存在触点
（2）26-25：继电器测试
（3）27-25："故障"复位
（4）31-32-34："故障"触点
注：对于 RH99，对地剩余电流监视器使用故障触点 31、32、34 | 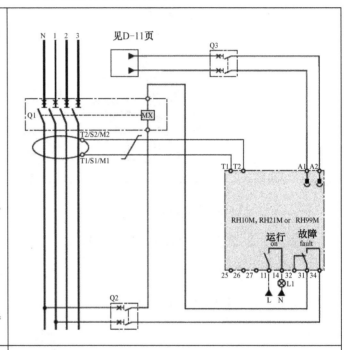 |
| L：灯
MX：分励线圈
Q1：保护主电路的断路器
Q2：DPN 断路器
Q3：1 A 断路器，曲线 C 或 D
RH10P，RH21P 和 RH99P：
（1）A1-A2：辅助电源
（2）T1-T2：A 或 OA 型环形或矩形电流互感器（如果 $I_{\Delta n} \geqslant 500$ mA）
（1）11-14：电压存在触点
（2）26-25：继电器测试
（3）27-25："故障"复位
（4）31-32-34："故障"触点
注：对于 RH99，对地剩余电流监视器使用故障触点 31、32、34 | 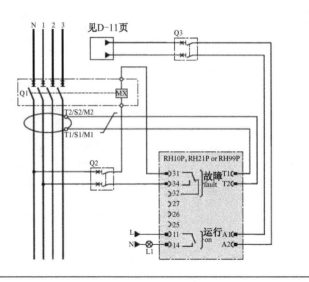 |

优化安全性的接线方法如表 9-9 所示。

表 9-9　优化安全性的接线方法

在所有的图中，回路都是不加电的，所有的设备都被断开，而且继电器处于释放位置。

MN：欠压线圈

Q1：保护主电路的断路器

Q2：DPN 断路器

Q3：1A 断路器，曲线 C 或 D

RH10M，RH21M 和 RH99M：

（1）A1-A2：辅助电源

（2）T1-T2：A 或 OA 型环形或矩形电流互感器（如果 $I_{\Delta n} \geqslant 500$ mA）

（1）11-14：电压存在触点

（2）26-25：继电器测试

（3）27-25："故障"复位

（4）31-32-34："故障"触点

注：对于 RH99，对地剩余电流监视器使用故障触点 31、32、34

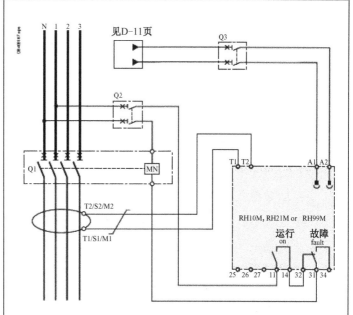

MX：欠压线圈

Q1：保护主电路的断路器

Q2：DPN 断路器

Q3：1A 断路器，曲线 C 或 D

RH10P，RH21P 和 RH99P：

（1）A1-A2：辅助电源

（2）T1-T2：A 或 OA 型环形或矩形电流互感器（如果 $I_{\Delta n} \geqslant 500$ mA）

（1）11-14：电压存在触点

（2）26-25：继电器测试

（3）27-25："故障"复位

（4）31-32-34："故障"触点

注：对于 RH99，对地剩余电流监视器使用故障触点 31、32、34

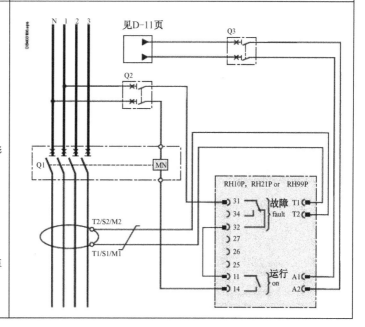

9.6　变压器

本节介绍说明开关电源和安全隔离变压器，Phaseo 安全隔离变压器 ABL6TS、ABT7。

Phaseo ABL 6TS 和 ABT 7 单相变压器通过初级连接一个（50Hz 或 60Hz）230V

或 400V，±15 V 连接器组，通过转换，从而确保向电气设备的控制电路提供实际所需的电网电压。

1．变压器 230V，单绕组：ABT7 ESM

该简化型的单绕组变压器系列，主要被设计用于重复性应用，并可提供下列标准数据：

（1）输入电压为交流 230 V（±15V）；

（2）输出电压为交流 24 V；

（3）需用 4 个螺钉的面板安装；

（4）运行温度为 40 ℃。

在主进线电源和应用之间，ABL 6TS 和 ABT 7 变压器能够实现更高的电气隔离。整个系列产品最大的特点在于其能够提供静电屏蔽，从而限制电磁干扰的扩散，并提高用户的安全程度。

2．变压器 230/400 V，单绕组：ABL 6TS

下列特性说明该系列的单绕组变压器适于标准应用：

（1）输入电压为交流 230 V/400 V(±15 V)；

（2）输出电压为交流 12 V、24 V、115 V 或 230 V；

（3）需用 4 个螺钉的面板安装（根据具体的型号，也可选用夹合式 5 导轨安装）；

（4）运行温度为 50 ℃；

（5）cURus 认证。

3．变压器 230/400 V，双绕组：ABT7 PDU

带有双绕组的该系列变压器，以其创新型设计而著称。它能够提供许多高质量的性能（视具体型号而定）。例如：

（1）交流 230 V/400 V(±15 V)输入电压；

（2）2×115 V 或 2×24 V 交流输出电压；

（3）夹合式导轨安装（视具体型号而定）或面板安装（需用 4 个螺钉）；

（4）通过内部跳线而实现次级绕组和接地线的串联或并联。

LED 指示器：

（1）运行温度为 60 ℃；

（2）cURus、ENEC 认证。

上述所有组件均被遮在塑料盖后面，从而便于将通用系列的 Phaseo 变压器集成至控制柜中。

4．防护

通过使用安装于次级的熔断器，或热磁断路器，能够防止变压器出现短路。

如要求符合 UL 标准的运行，必须通过在初级安装熔断器（UL 认证）来实现短路防护。

在控制电路与地面相隔离之处（IT 系统），剩余电流检测器将会显示任何意外的接地故障。

变压器如图 9-4 所示。

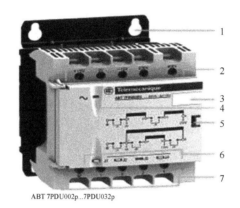

ABT 7PDU002p...7PDU032p

图 9-4 变压器

（参见"自动化和继电器功能"目录）。

说明：

1——根据通用型的具体型号，使用 4 个螺钉或在 35 mm 导轨上夹合式安装；

2——螺钉端子，带有±15 V 连接器，用于连接交流输入电压；

3——夹合式标签或自动黏合标签架 AR1 SB3；

4——LED（绿色）表明存在输入电压（视通用系列的具体型号而定）；

5——打开跳线通口，以便选择次级连接（使用螺丝刀打开）；

6——用于查看跳线连接的窗口（视通用系列的具体型号而定）。0 V 接地（J1跳线）；串联连接，全面节省"客户"的次级接线动作（J3 跳线）；并联连接，全面节省"客户"次级接线动作（J2 和 J4 跳线）。

7——螺钉端子用于连接交流输出电压。

型号：

开关电源和安全隔离变压器；

Phaseo 安全隔离变压器 ABL 6TS，ABT 7。

变压器参数如表 9-10 所示。

表 9-10　变压器参数

带有相位-中性线（N-L1）或相-相（L1-L2）连接的变压器						
输入电压	次级类型	电压	额定功率	有待完善的型号（1）	次级电压标记	重量（kg）
变压器 230V，单绕组						
230V （±15V） 单相， 50/60Hz	单绕组	24V（B）	40VA	ABT 7ESM004B	—	1.020
			63VA	ABT 7ESM006B	—	1.140
			100VA	ABT 7ESM010B	—	1.900
			160VA	ABT 7ESM016B	—	2.720
			250VA	ABT 7ESM025B	—	3.540
			320VA	ABT 7ESM032B	—	4.080
			400VA	ABT 7ESM040B	—	5.100
变压器 230/400V，单绕组						
230/400V （±15V） 单相 50/60Hz	单绕组	12V（J） 或 24V（B） 或 115V（G） 或 230V（U）	25VA	ABL 6TS02	JBGU	0.700
			40VA	ABL 6TS04	JBGU	1.200
			63VA	ABL 6TS06	JBGU	1.600
			100VA	ABL 6TS10	JBGU	2.100
			160VA	ABL 6TS16	JBGU	3.200
			250VA	ABL 6TS25	JBGU	4.400
			400VA	ABL 6TS40	BGU	6.500
			630VA	ABL 6TS63	BGU	9.800
			1000VA	ABL 6TS100	BGU	14.300
			1600VA	ABL 6TS160	BGU	19.400
			2500VA	ABL 6TS250	BGU	27.400
通用型						
带盖，并通过内部跳线与带 LED 指示器相连						
230/400V （±15V） 单相 50/60Hz	双绕组（3）	2×24V（B） 或 2×115V（G）	25VA	ABT 7PDU002	BG	1.100
			40VA	ABT 7PDU004	BG	1.400
			63VA	ABT 7PDU006	BG	1.940
			100VA	ABT 7PDU010	BG	2.860
			160VA	ABT 7PDU016	BG	4.400
			250VA	ABT 7PDU025	BG	5.600
			320VA	ABT 7PDU032	BG	7.100
无盖，外部跳线连接						
230/400V （±15V） 单相 50/60Hz	双绕组（3）	2×24V（B） 或 2×115V（G）	400VA	ABT 7PDU040	BG	7.400
			630VA	ABT 7PDU063	BG	7.900
			1000VA	ABT 7PDU100	BG	14.000
			1600VA	ABT 7PDU160	BG	20.000
			2500VA	ABT 7PDU250	BG	28.000

续表

部件				
名称	应用	基准订单数	Unit 型号	重量 (kg)
用于 5 导轨上安装的板	优化变压器 ABL6TS02	5	ABL 6AM00	0.045
	优化变压器 ABL6TS04	5	ABL 6AM01	0.050
	优化变压器 ABL6TS06	5	ABL 6AM02	0.055
	优化变压器 ABL6TS10	5	ABL 6AM03	0.065
自动黏合标签架 20×10 mm		50	AR1 SB3	0.001
附件				
名称	应用通用系列的双绕组		型号	重量（kg）
10 条跳线的包装	变压器		ABT 7JMP01	0.010

通过次级电压标记，以完善型号的范围，各种型号变压器如图 9-5 所示。

ABT 7ESM0●●B

ABL 6TS●●●

ABT 7PDU002●...032●

ABT 7PDU040●...250●

AR1 SB3

图 9-5　各种型号变压器

第2部分　楼宇配电基础实训

第10章　概　　述

10.1　设备描述

　　本教材中所使用的试验箱是施耐德电气为指导住宅及小型建筑内的电气设备以及这些设备的安装而开发的。实验装置由许多普通的家用产品组成，并以便于教学的方式展示。如图 10-1 所示为试验箱。

图 10-1　试验箱

10.1.1 理论与实现

通过对本装置的学习、实践，可以掌握住宅和小型建筑内电气设备安装的主要方法。

一居室或两居室的配电可以由简单的开关或者光敏开关和定时器组成。复杂的装置可以被设置得很精准，如阳台和客厅灯的开关由其所处环境的亮度所控制。当然插座回路也要有相应的安全保护装置。

10.1.2 产品的实际安装

使用者一旦掌握了各种功能的理论知识，就可以设计用于电气设备布线仿真的设备。

10.2 教学描述

10.2.1 教学目标

设置该装置的目的是为了使学习者在实际安装使用相应设备之前做一些研究和理论分析。

为了简化使用，每个元件的连接头都连有安全插座，并且使用配备保护插头的电线完成连接。

10.2.2 功能装置

（1）30mA 剩余电流保护附件。

（2）具有过流和短路保护功能的断路器。

（3）双控开关。

（4）指示灯。

（5）10 / 16A 电源插座。

（6）远程控制开关。

（7）有中央控制的远程控制开关。

（8）热水器电源接触器。

（9）可编程定时开关。

（10）按钮。

（11）带报警功能的定时器，且报警功能可关闭。

（12）光敏开关。

（13）带指示灯的按钮。

10.2.3　必要的课前准备

在使用这个装置前，我们需要掌握一些基本的知识并加以练习：

（1）基础的电力知识。

（2）配电原则知识。

（3）《JGJ242-2011住宅建筑电气设计规范》知识。

第 11 章　提供的材料

11.1　提供的设备

与试验箱配套的插接线包括（如图 11-1 所示插接线组件）：

（1）20 个直径 4mm 的黑色安全线 5A SLK4075-E/N - L=0.25m。

（2）12 个直径 4mm 的蓝色安全线 5A SLK4075-E/N - L=0.25m。

（3）5 个直径 4mm 的黑色安全线 5A SLK4075-E/N - L=0.50m。

（4）5 个直径 4mm 的黑色安全线 5A SLK4075-E/N - L=0.50m。

（5）2 个直径 4mm 的黑色安全线 5A SLK4075-E/N - L=0.75m。

（6）2 个直径 4mm 的黑色安全线 5A SLK4075-E/N - L=0.75m。

（7）3 个直径 4mm 的绿/黄色安全线 5A SLK4075-E/N - L=0.50m。

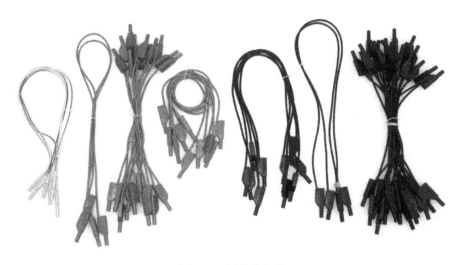

图 11-1　插接线组件

11.2　提供的文件

（1）一本技术手册和一本练习书，编号：MD3DBPDOMEN。

（2）一个 CD 光盘，包括 PDF 格式的技术指导手册及所有指导相关的文档和计算机文件。

11.3　没有提供但需要用到的设备

（1）微型计算机。

（2）工具和测量设备。

（3）没有在"提供的设备"中提到的其他设备。

第 12 章 使用条件

12.1 注意

施耐德对未经过允许而使用的产品不承担责任。

（1）学习并了解设备文档，并且存放在一个安全的位置。

（2）严格遵守文件中及设备上给出的警告和指示。

（3）所有的操作必须严格遵守安全指示及相关的电气系统操作要求。

（4）因为该设备是由单相交流 220V 供电，因此所有操作必须足够小心以预防可能发生的安全事故。

（5）严禁将设备用于研究其他施耐德没有指定的非教学用途。

（6）所有练习必须在有实际操作经验的教师或认证人员监管的情况下进行。

（7）教学设备可以同时让两个同学站着或坐着使用。

（8）设备模拟独立的工业系统，它更近似于一个实验仪器装置而不是一台机器。

（9）设备满足《DL409-91 电业安全工作规程》的标准（电力测量，实验仪器的安全法则）。因为练习与布线图无关，所以不强制要求对线缆做出标记。

所有连接 220V 交流电源的操作只能由相关授权人员进行，或者是有老师监管。前提是有足够的预防措施来保障人身安全。

只有在确定所有组件都安装妥当的情况下才能接通电源。

12.2 符号的定义

表 12-1 所示为标准符号定义。

表 12-1　标准符号定义

符　号	参　考	描　述
$\sim$	CEI60417-5031	AC 交流电
᠁	CEI60417-5032	DC 直流电
$\overline{\sim}$	CEI60417-5033	AC 和 DC 电流
3 $\sim$		3 相 AC 交流电
⏚	CEI60417-5017	接地
⏚	CEI60417–5019	保护接地
⏛	CEI60417-5020	外壳接地
⏚	CEI60417-5021	等电位
I	CEI60417-5007	开
○	CEI60417-5008	关
▣	CEI60417-5172	双重保护和加强绝缘
⚡		警告，触电危险
♨	CEI60417-5041	警告，表面高温
⚠	ISO7000-0434	警告，危险（见注释）
⚠		警告，小心夹手
⚠		警告，小心压伤

12.3　环境

设备的使用和存储必须遵循以下规则。

（1）温度。

设备工作运行环境温度：$0°C<T<+45°C(32°F\sim113°F)$

储藏温度：$-20°C<T<+55°C(-4°F\sim131°F)$

（2）湿度。

使用：相对湿度<50% (T=+40°C)

存储：相对湿度<90% (T=+20°C)

（3）海拔小于 2000m（6560 英尺）。

（4）设备必须在无导电性的干燥环境中才能使用，必须防止灰尘、腐蚀气体和液体等进入。

（5）噪声：小于 70dB（A）。

欧盟指令（第 86-188）建议噪声级别小于 90dB（A）。法国劳动编码 R232-8 之后规定在噪声达到相应阈值时需遵循以下原则：

① 从 85dB（A）（接近危险临界值）开始提供听力保护装置；

② 大于或等于 90dB（A）（存在损伤听力的风险）需要带上保护装置，如果技术允许，也应该在机器附近安装相应的保护装置。

（6）亮度。

根据《GB 50034-2013 建筑照明设计标准》，工作环境的光线要求见表 12-2、表 12-3 和表 12-4。

表 12-2　室内照度

工作及其相关地点	最小照明度（lx）
内部楼道	40
楼梯和仓库	60
工作场所、衣帽间、卫生间	120
黑暗场所	200

表 12-3　室外照度

外部区域	最小照明度（lx）
外部楼道	10
外部工作区域	40

表 12-4　特殊场合照度

活 动 类 型	最小照度值（lx）
中型机械设备、打字、办公室工作	200
小零件生产、制图部门、机械数据处理	300
精细机械、蚀刻、颜色对比、复杂图纸、服装产业	400
精密机械、精细电子、各种检查	600
复杂工作	800

12.4　供电电源

设备使用的电源必须满足以下参数：

（1）电压：220V 单相交流电（±10%）

（2）频率：50Hz（±5%）

（3）电流：10A/16A

注意：供电部分必须有一个敏感度不大于 30mA 的 RCD。

12.5　电气参数

（1）电压：230V 单相（±10%）。

（2）频率：50/60Hz（±5%）。

（3）视在功率：250W。

（4）最大电流值：16A。

（5）常规短路电流：3kA。

（6）额定耐受冲击电压：2.5kV。

（7）电击防护等级：I（符合 IEC61010-1 标准）。

（8）测量类：II（符合 IEC61010-1 标准）。

（9）安装类型：II。

这些参数都标注在设备上，如图 12-1 所示。

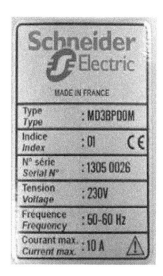

图 12-1　试验箱铭牌

注意： 2P+E 16A 插头必须插入有接地保护装置的插座。

12.6　机械参数

（1）高：240mm。

（2）宽：720mm。

（3）厚度：600mm。

（4）重量：20kg。

第 13 章　安装和连接

13.1　布置

（1）收到设备后，请参照包装清单检查元器件的数量和型号。

（2）在安装设备前，首先检查试验台是否可以支撑（请参考 12.6）。

（3）试验箱可以挂墙安装，也可以平放在桌子上，如图 13-1 所示。

（4）使用设备时可以用坐姿或站姿。

（a）试验箱挂墙安装　　　　　　　　　　　　　　　　（b）试验箱平放

图 13-1　试验箱安放方式

13.2　操作

1. 条款 R4541-5

当必须要手工操作的时候，应考虑以下问题：

① 评估手动操作可能对员工带来的健康和安全问题。

② 建立工作站，减少风险，尤其是保护腰背。可以用一些辅助设施，来保护员工的安全，也让他们工作态度更积极。

2．条款 R4541-9

当必须手动操作且不能够提供辅助工作时，除非专业医师授权，不允许员工搬动超过 55kg 的物品。但是，在任何情况下，都不能搬动超过 105kg 的物体。另外，女性不能够拿超过 25kg 的物品，也不能用总重量超过 40kg 的独轮手推车运送。

3．条款 D45152-12

孕妇不允许用两轮手推车。

4．条款 D45153-39

十八岁以下的年轻工作者不可以携带、推动或者搬运超过如下重量的物品：

① 十四或十五岁的男性工作者不能超过 15kg。

② 十六或十七岁的男性工作者不能超过 20kg。

③ 十四或十五岁的女性工作者不能超过 8kg。

④ 十六或十七岁的女性工作者不能超过 10kg，十八岁以下的工作人员不能用独轮手推车运送超过 40kg（包括手推车的重量）的物品。

5．条款 D45153-40

十八岁以下青年禁止使用二轮手推车。

13.3　主要连接

2P+E 电源插头只能插入到有接地保护装置的电源插座，如图 13-2 所示。

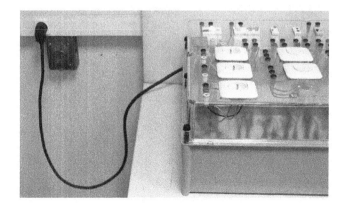

图 13-2　试验箱电源连接

第 14 章 使 用

14.1 装置的描述

试验箱内部元器件包括：

（1）有电源指示灯的剩余电流保护装置。

这个装置的用途包括：

① 在剩余电流大于等于 30mA 时保护人身安全（直接或间接接触）。

② 防止绝缘故障的发生。

它可以瞬间切断剩余电流，通过选择与不同的断路器配合可以实现多种保护。

白光 LED 指示设备已经接通电源并且上电。

（2）30mA 剩余电流断路器和 16A 及 10A 常规断路器（图 14-1）。

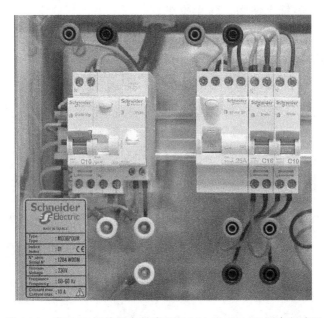

图 14-1　带 LED 灯的漏电断路器和 16A 及 10A 2P 漏电断路器

30mA 剩余电流断路器能够监视并切断有害剩余电流，保护人身安全。两种断路器都具备灭弧能力，防止过载和短路，保护下游设备。

16A 断路器用来保护电源插座回路。

10A 断路器用来保护照明灯的回路。

（3）16A 定时开关。

该模块可以设定分合时间，最大值可达 7 分钟。可手动控制，也可通过产品上的微动开关手动设置持续接通状态，见图 14-2 左侧。

（4）带关闭报警功能的 16A 定时器（见图 14-2 右侧）（0.5～20 分钟）。

在照明系统中，定时器的定时区间为 0.5～20 分钟。有三个操作模式：

① 强制模式：保持灯长亮。

② 计时器模式：让灯在指定时间段内长亮。

③ 计时器和关闭报警模式：该模式集成了定时器模式（见上面）以及关闭报警功能，在延时结束时指示灯闪烁。

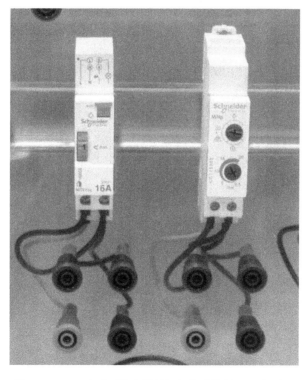

图 14-2　16A 定时开关和带关闭报警功能的 16A 定时器

（5）16A 集成式远程控制开关。

这个模块用来集中控制一系列远程的开关。同时保留了本地的脉冲控制。

通过集中控制，我们可通过两个按钮把一组远程控制开关置于 0 或 1 的位置。

（6）可用按钮控制的远程控制开关（脉冲继电器）。

每按一下按钮，产生的脉冲都可以改变这种远程控制开关脉冲继电器的状态，见图 13.3 右侧。

远程开关与 ATLz 附件的配合可以从带灯按钮中分流出部分电流，以防止远程开关发生故障，如图 14-3 右侧。

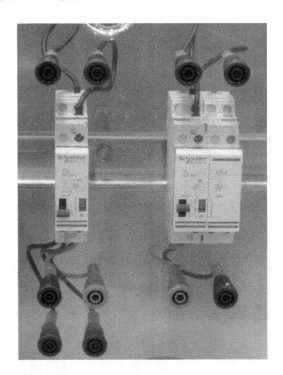

图 14-3　16A 多功能远程控制开关（左）和 16A 带灯按钮控制的远程控制开关（右）

（7）可编程的定时开关。

IHP 可编程定时开关可根据用户编写的程序控制一个或多个独立电路的开和关。这些开关可以控制照明、加热、标志、控制回路等，如图 14-4 所示。

可以编写周循环的程序，可选择夏令时/冬令时，可储存记忆 56 个切换命令，具备复位功能等。

（8）光敏开关（图 14-4）。

这个模块根据光照（商店窗户的光亮、灯光指示牌等）控制电路的通断，光感度可以从 2lx 到 200lx。感光模块可以被安置在很远的地方以方便使用。

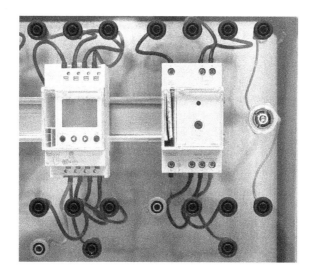

图 14-4 可编程定时开关（左）、光敏开关（中）、光敏开关探头（右）

（9）双控开关。

允许在两个不同的地点控制同一回路。

（10）按钮。

允许远程控制开关。

（11）带灯按钮。

允许用带指示灯功能的按钮远程控制开关。

（12）电源插座。

电源插座被用来连接多种电气设备。

（13）灯。

提供亮度。

图 14-5 电源插座、双控开关、按钮、灯

14.2　挂锁

　只有值得信任并理解 NFC18-510 标准的人才能执行如下所述的挂锁工作。

（1）检查。

在设备的接线图上，检查断路器 Q0 是否被确定为主要的开关。

（2）分离。

① 停止设备运行，设置主开关 Q0 到"0"位置状态。

② 断开 16A 2P+E 供电插头，切断电源。

（3）挂锁。

在 30mA～10A 的断路器的位置上使用一个橙色上锁设备加上挂锁。

（4）电压缺乏检查。

如果 16A 2P+E 插头没有连接 230V 50Hz 电源，就不需要检查这个设备是否有电压。

（5）将钥匙交给管理挂锁的人。

设备现在是被锁上的，如图 14-6 所示。

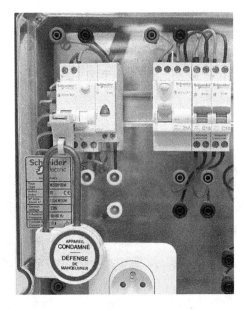

图 14-6　挂锁

第 15 章 维 护

15.1 服务

清洁设备前，务必先将设备从电网中断开。

设备应避免溅上水或者其他液体，请不要用海绵蘸水来擦，但可用湿布擦拭（不含化学腐蚀性产品）。

如果有必要，请使用压缩空气（吹风机）吹走设备上的灰尘。

15.2 故障排除和设置

在替换元器件的时候，无论是否由施耐德或者其他供应商提供，都必须阅读他们的产品标志，或者参考本书包含的材料清单。

在对设备做维护工作之前，必须确保设备已断开电网。

重新上电前需确保所有新的元件、接线及防护罩紧固件已全部恢复。

 这项操作必须由有 UTEC18-510 标准认证的人员来完成。

对于较困难的设备元件更换和维修，请咨询施耐德电气教学活动。

第 16 章 练 习

16.1 公寓的电气设备

16.1.1 目的

从理论和实践两方面学习家庭中电气安装所需要的基本功能。

（1）单一触发装置。

（2）双触发装置。

（3）电源插座。

（4）双控开关。

（5）远程控制开关。

① 控制电路；

② 主回路。

（6）可编程定时开关：编程。

（7）用开关遥控开关。

（8）具有关机报警功能的定时器。

（9）光敏开关。

16.1.2 规格表

（1）卫生间。

1 个单控开关控制的 LED 灯。

（2）门厅。

1 个双控开关控制的光源；

1 个由 230/24V 变压器供电的门铃；

1 个 16 A 2P+E 电源插座；

可通过 3 个不同位置按钮控制的 1 个中央光源和 1 个壁灯。

（3）浴室。

1 个单控开关控制的光源；

2 个单独控制的壁灯；

1 个剃须刀插座；

1 个 16 A2P+E 洗衣机插座；

等电位连接。

（4）卧室。

1 个由双控开关控制的中央光源；

3 个 16 A2P+E 电源的插座。

（5）厨房。

1 个单控开关控制的中央光源；

1 个单控开关控制的壁灯；

1 个 16 A2P+E 洗碗机插座（这个插座需设计成在夜间 2～4 时运行）；

2 个 16 A2P+E 接地插座。

（6）客厅。

2 个双控开关控制中央光源；

3 个 16 A、2P+E 电源插座。

（7）热水器。

热水器在非高峰时段运行。

16.1.3　如何去做

1．C1 发现

（1）提供学生如下文档。

① 电工标准；

② 安装时所需的制造商说明书或者数据表（如附录 2）；

③ 多种电路图（如附录 3）；

④ 在电工课上提醒电流危害；

⑤ 电气设备安装结构（如附录 1）。

（2）C1-1：识图。

符号：在电工标准中找出在各种图中设备的电路符号。

电路图：分析并重制各种电路图。

（3）C1-2：正确操作书面和口头指示。

（4）C1-3：遵守人员与设备的安全规范（提供适当保护装置）。

2．C2 完成

（1）C2-1：组织工作区域。

该平台的结构分为 3 个层次：

① 顶部的保护设备；

② 中间部分的控制设备；

③ 底部的负载。

（2）C2-4：根据学生的电工图安装设备。

（3）C2-5：接通设备电源。

注意：不允许学生给设备通电。

3．C3 评判

C3-1：学生必须在包中选择已掌握的技术范围内的物品。

4．要求水平

读懂安装、调试和维护所需的接线图和技术文档。

16.2　练习 1：单控开关

1．符号

建筑图	电路图	单线图	多线图

2．执行哪种功能？举个例子

3. 使用的设备

数量	描述

4. 电路图

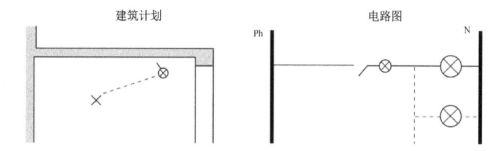

5. 单线图

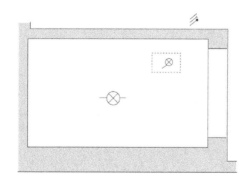

6. 接线图

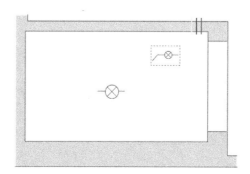

16.3 练习2：电源插座

1. 符号

建筑图	电路图	单线图	接线图

2. 执行哪种功能？举个例子

3. 使用的设备

数量	描述

4. 电路图

建筑图   电路图

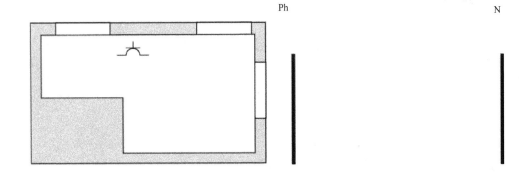

5. 单线图

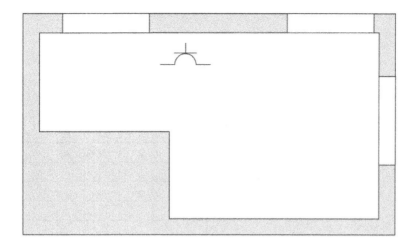

6. 接线图

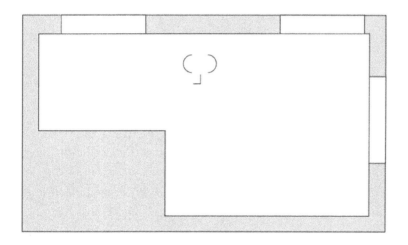

16.4 练习 3：双控开关

1. 符号

建筑图	电路图	单线图	多线图
灯			
双控开关			

2. 执行哪种功能？举个例子

3. 使用的设备

数量	描述

4. 电路图

建筑计划 电路图

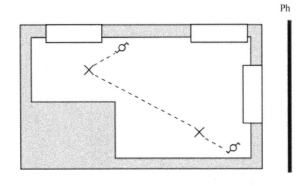

5. 单线图

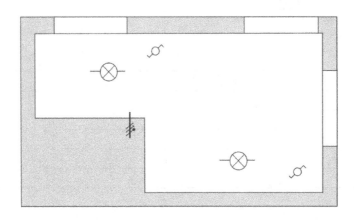

6. 接线图

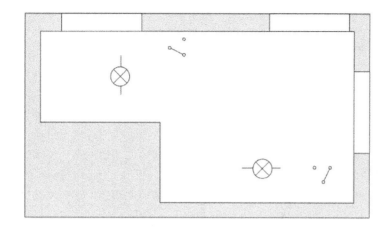

16.5 练习 4：双灯单控开关

1. 符号

建筑图	电路图	单线图	多线图

2. 执行哪种功能？举个例子

3. 使用的设备

数量	描述

4．电路图

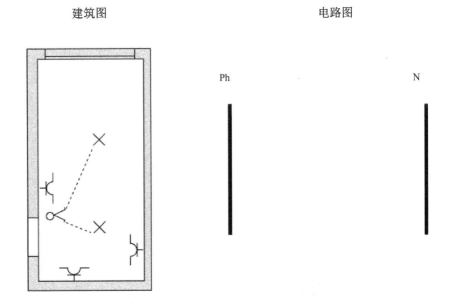

建筑图   电路图

Ph   N

16.6　练习 5：串联和并联

1．串联安装

定义：_____

灯泡串联电路图	现象
插座串联电路图	现象

2．并联安装

定义：＿＿＿＿＿＿＿＿＿＿＿＿＿＿＿＿＿＿＿＿＿＿＿

灯泡并联电路图	现象
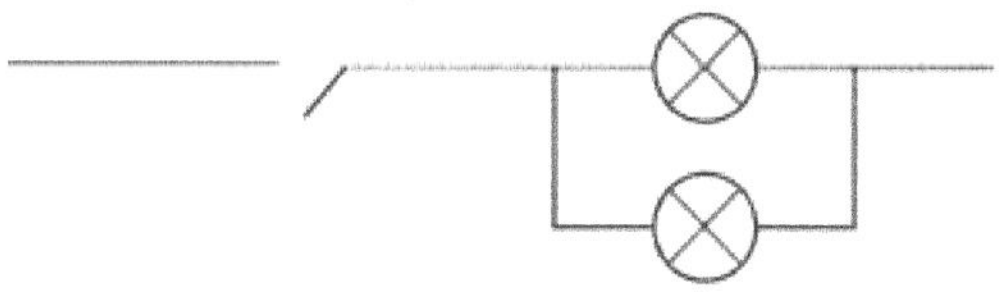	
插座串联电路图	现象
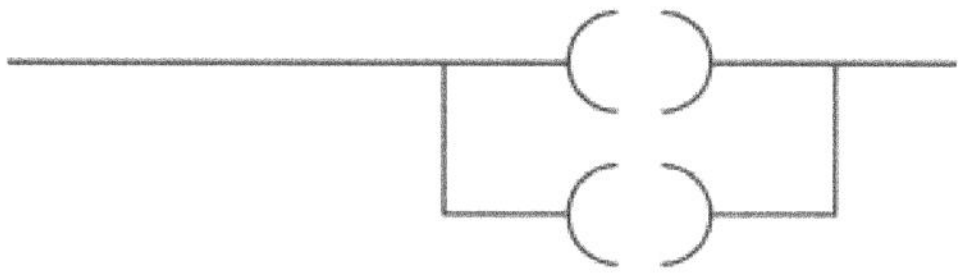	

3．两种连接方式比较

根据以上现象观察，哪种连接方式更为常用？

☐串联　　　　　☐并联

16.7　练习6：远程控制开关

1．你如何在两个以上的地方打开一盏或多盏灯？给出它们的符号

建筑图	电路图	单线图	接线图
按钮			
远程控制开关			

2．执行哪种功能？举个例子

从三个不同的地方控制（开/关）两个设备。

3．使用的设备

数量	描述

4．电路图

建筑图   电路图

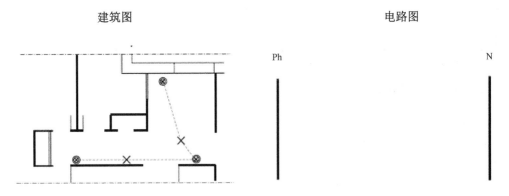

5．接线图

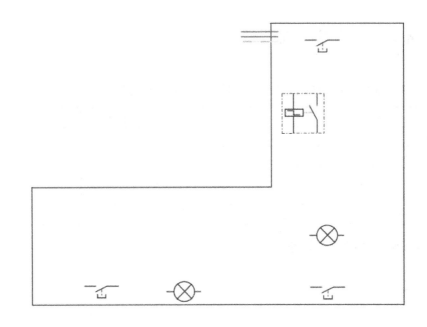

6. 时序图

在应用中（布线），请阅读并完成以下时序图。

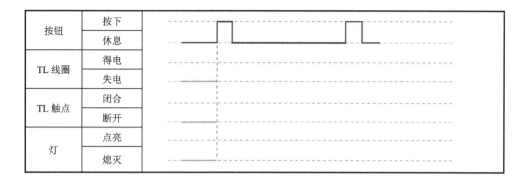

按钮	按下	
	休息	
TL 线圈	得电	
	失电	
TL 触点	闭合	
	断开	
灯	点亮	
	熄灭	

16.8 练习 7：带 LED 按钮控制的远程控制开关

目的：安装一个可以被多个按钮（包括一个本地 LED）控制的灯。

1. 给出该电路所需的符号元素

建筑图	电路图	单线图	接线图
按钮			
带 LED 按钮控制的远程控制开关			

2. 执行哪种功能？举个例子

3. 使用的设备

数量	描述

4. 电路图

建筑图   电路图

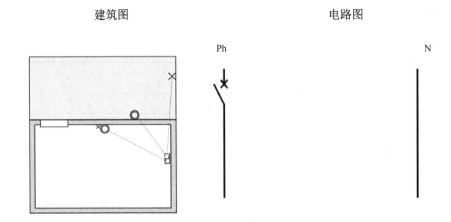

5. 接线图

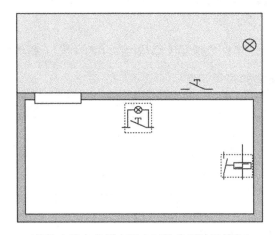

（接地电路未在图中画出以防此图过于复杂）

16.9 练习 8：可编程定时开关

问题描述：在夜间（非高峰时段）运行洗碗机，已设定电力供应开始和停止时间。

1. 执行哪种功能？举个例子

2. 所用设备

数量	描述

3. 电路图

Ph   N

4. 编程

使用技术手册 IHP CCT 16652，该手册可以在网站 www.schneiderelectric.cn 中找到。

在频道 1："自动"操作，选择程序开始时间并设置 1 分钟后停止。

16.10 练习9：具有关机警告功能的定时器

目的：触发光源上的定时器并发出即将关机的信号。

1. 执行何种功能？举个例子

我们通过使用 3 个按钮中的其中一个来关闭长走廊上的两盏定时光源。应该要让用户能意识到灯即将熄灭。

2. 使用的设备

数量	描述

3. 电路图

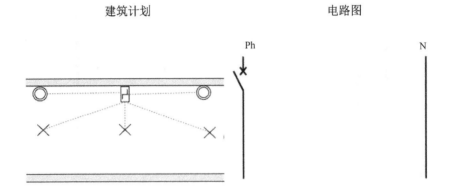

建筑计划　　　　　　　　　　　　　　　　　电路图

4. 接线图

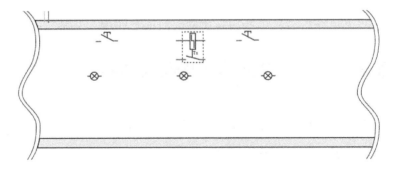

（接地线路未在图中画出以避免增加图的复杂性）

5. 设置定时器为定时 30s，不需设置关闭警告，测试一下

6. 再次设置，这次将关闭警告时间设置为 1 分钟，测试一下

16.11　练习 10：光敏开关

目的：根据周围亮度触发照明。

1. 执行哪种功能？举个例子

我们希望有个露台照明在傍晚（小于 100lx）才会被激活打开，也希望能在不需要的时候关闭它。

2. 使用的设备

数量	描述

3. 电路图

4. 接线图

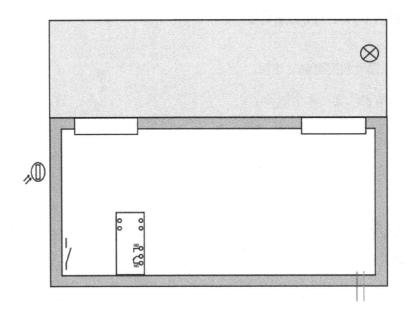

（接地线路未在图中画出以避免增加图的复杂性）

5. 调整设置为 200lx，然后盖住传感器，拨动开关。照明立刻被触发了吗？解释原因

6. 如果设定值输出接至 NC 常闭接点，安装的灯具将会怎样？画出接线图

16.12　附录

16.12.1　附录 1：电气系统结构

1. 技术研究

电气系统由多个设备组成，其目的是将电能转换成能量的另一种形式（照明、加热、制冷等），如图 16-1 所示。

图 16-1　电气系统结构框图

2. 电力供应

（1）电流的种类

① 直流电；

② 频率为 50Hz 的正弦交流电。

（2）网络的种类

① 单相：1 个相线和 1 个中性线；

② 3P+N：3 个相线和 1 个中性线。

（3）网络中的电压（常见电压如图 16-2 所示）

① 相与中性线之间的电压（如 230V）；

② 相间电压（如 400V）。

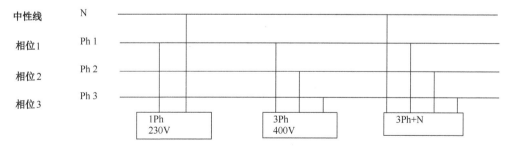

图 16-2　常见电压用电设备

3. 需要负荷

需要负荷总是比所有负载的功率之和少，因为后者并不会都在同一时间工作

（忽略巧合因素）。

需要负荷帮你选出最合适的方案。

4．保护措施

在所有安装中，在馈线回路中必须有一个总的断路器（在电度表的位置之后）。为了控制事故后果，会根据不同的功能需求分成许多支路，每一个支路都再安装保护设备。

（1）电路分布

① 照明电路（每条电路最多 5 个光源）；

② 电源插座电路（每条电路最多 5 个光源）；

③ 洗衣机、烘干机、洗碗机、热水器和灶台需要特殊线路。

在浴室中，照明电路和电源插座必须有一个 30mA 的剩余电流保护断路器。所有电路必须配备一个接地导体（绿/黄），其横截面等于电路中其他导体横截面。

（2）导线截面

① 照明回路　　　　　　　横截面积 1.5mm^2

② 电源插座回路　　　　　横截面积 2.5mm^2

③ 特殊回路

　热水器　　　　　　　　横截面积 2.5mm^2

　洗衣机　　　　　　　　横截面积 2.5mm^2

　洗碗机　　　　　　　　横截面积 2.5mm^2

　烹调器具　　　　　　　横截面积 6mm^2

16.12.2　附录 2：技术数据表——DECLIC 热磁断路器

1．符号和参数

① 电流范围：2～32A。

② 电压范围：单相 230 V。

③ 分断能力：3000A。

④ 脱扣曲线：C（为 5～10I_n）。

⑤ 限流等级：3 级。

⑥ 快速合闭。

热磁断路器图形符号如图 16-3 所示。

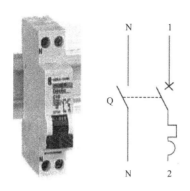

图 16-3　热磁断路器

2．作用

（1）在正常的电路条件下导通或分断电流。

（2）在特定时间下正常运行，在非正常情况下（如短路、过载时）分断电流。

3．特性

（1）额定电流：标准值。

（2）极数：根据不同安装而变化。

① 1 极= 1P；

② 2 极= 1P +N 或 2P；

③ 3 极= 3P；

④ 4 极= 4P。

（3）额定电压：230V。

（4）分断能力：该装置可以分断的最大故障电流。

（5）脱扣曲线：取决于断路器型号。

4．操作

（1）过载情况下：一个双金属片变形引起触点快速动作。

（2）短路情况下：一个固定的电枢线圈吸引可动衔铁动作，从而触发断路器脱扣机构动作。

16.12.3　附录 3：单控开关电路

1．单控开关

（1）单控开关电路的任务

控制一个或多个电力负载。

例：一盏灯或荧光管的照明，电源插座的控制。

（2）建筑图

控制卧室的中央灯和受控插座，如图 16-4 所示。

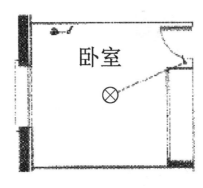

图 16-4　卧室图示例

（3）接线电路图

电路图如图 16-5 所示。

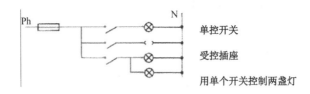

图 16-5　电路图

2．带 LED 灯的单控开关

（1）单控开关的作用

在开关处，你可能看不到灯，这时候你需要一个带 LED 灯的单控开关，如地窖、户外照明、冷藏室等场所，如图 16-6 所示。

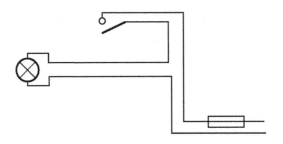

图 16-6　带 LED 灯的单控开关

（2）电路图

① 串联指示器。LED 和灯泡的电流相同，所以 LED 必须适应灯泡的电流。如果灯泡得电，指示灯处于工作状态。如图 16-7（a）所示。

② 并联指示器。如果灯泡得电，LED 的电力供应与灯泡是相互独立的，指示灯的指示可能不能反映灯泡的实际工作状态。如图 16-7（b）所示。

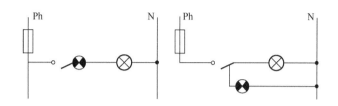

（a）串联安装的指示灯　　（b）并联安装的指示灯

图 16-7　LED 灯电路图

（3）接线电路图。LED 与灯泡并联，如图 16-8 所示。

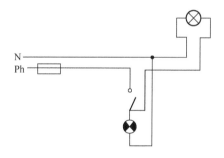

图 16-8　LED 与灯泡并联

16.12.4　附录 4：技术数据表——远程控制开关

1. 遥控开关符号和参数

遥控开关，如图 16-9 所示。

2. 任务

通过电流脉冲来远程控制电路，可以使用一个或多个按钮。

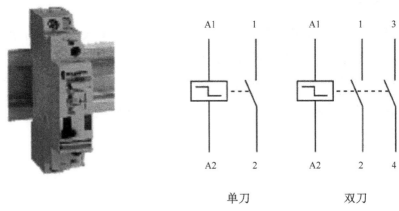

单刀　　　　　　双刀

图 16-9　远程控制开关（脉冲继电器）

3．特性

（1）电源电路

① 标准电流：16A、32A。

② 额定电压：1P 和 2P 250 V AC；3P 和 4P 415 V AC。

（2）控制电路

① 线圈电压：12V、24V、48V、230V。

② 触点：ON（常开接点）。

③ 最大开关频率：每分钟 5 次。

④ 手动控制。

⑤ 按钮和远程控制开关之间的连接用 1.5mm² 电缆。

⑥ 12V 线圈：最长 20m。

⑦ 24V 线圈：最长 80m。

⑧ 48V 线圈：最长 320m。

4．操作

（1）按下与线圈串联的按钮使触点闭合。当松开按钮时，远程控制开关触点保持机械闭锁。

（2）再次按下按钮使触点打开，并且将其锁定在打开位置。

16.12.5　附录 5：对地剩余电流保护

1．原理

所有接地剩余电流保护的原理都是一样的。功能可分为三种：剩余电流检测、测量、跳闸。

（1）检测

检测是基于以下的电路定律：在任何给定的节点上，电流总和等于零。

通过一个环形电流互感器装置来检测剩余接地电流，如图 16-10 所示。

相线和中性线用作初级绕组。

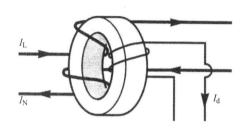

图 16-10　剩余电流保护检测

绕组的方向决定了充电电流所产生的磁通势（MMF）的方向，并且它与中性线电流所产生的磁通势方向是相反的。工作时，由于两个磁通势大小相等，保护装置不动作，如图 16-11 所示。

剩余电流的存在会导致不平衡的磁通势。

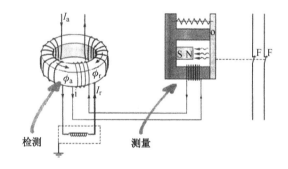

图 16-11　漏电保护正常工作（$I_a = I_r$　$\phi_a = \phi_r$　$I_{\Delta n} = 0$）

它会在线圈芯产生磁通量，从而在线圈里产生电压，然后会产生感应电流，这个电流也称为剩余电流。

（2）测量

测量是通过比较电流信号（其接收到的感应电流）和预设限制值执行的，这个预设的限制值就是跳闸阈值，通常也叫作灵敏度 $I_{\Delta n}$。

一个电磁继电器由以下部件组成，如图 16-12 所示。

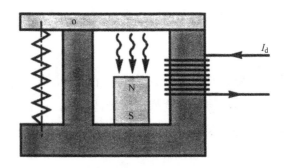

图 16-12　漏电保护测量

① 一个 U 形电磁铁。

② 放置在 U 形中的永久磁铁。

③ 一个用来连接 U 形开口端以便闭合整个磁通路的活动板。

④ 一个用来断开常规闭合磁通路的加压弹簧。

U 形电磁线圈连接到环绕在环形磁芯上的次级线圈。当线圈未通电时（无剩余电流），磁铁的引力使活动板保持闭合（弹簧的拉力同时也作用其上）。

检测器中的电流导致磁势交替，增强或减少（每个半周期交替）磁铁吸引效应。

（3）跳闸

当剩余电流足够大时会使其产生大于永久磁铁的磁力（相对），弹簧拉力会使金属板旋转并打开跳闸机制，如图 16-13 所示。

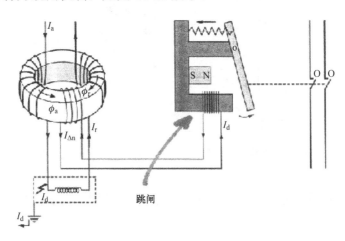

图 16-13　剩余电流保护动作原理图（$I_r < I_a$　$\Delta n = \Delta a$）

2．选择正确的保护措施

IEC1008 对 IEC755（总报告）中推荐的灵敏度（关键值）数值进行了标准化：

① 30 mA

② 100 mA

③ 300 mA

④ 500 mA

⑤ 1000 mA

要选择的灵敏度取决于要提供的保护类型。

1）对人的保护（针对触电）

（1）直接接触（基本防护）：

① 30 mA；

② 最常用的保护电流是 30 mA。

（2）间接接触（故障保护）：

① 300 mA 或 500 mA；

② TT 系统强制的安全要求；

③ TN 和 IT 系统的附加安全要求。

2）对设备的保护（针对火灾）

300 mA 是 TT、TN、IT 系统安全要求。

3）跳闸特性

剩余电流继电器和断路器遵循相同类型脱扣曲线（时间　电流）。正如断路器曲线仍然低于电缆的破坏限制值，因此剩余电流继电器的脱扣曲线仍低于两种限制值。

（1）直接接触（基本防护）：电流强度限制

跳闸必须是瞬时的（<0.2s）。$I_{\Delta n}$ 必须在曲线 a 之下，如图 16-14 所示。

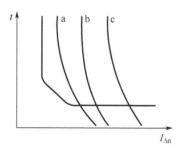

图 16-14　a 表示心脏颤动极限

（2）间接接触（故障保护）：电流强度限制

跳闸必须在最大接触时间之前发生。对 U_e <50V，最大接触时间被认为是无限的，并且随着电压的升高，这个时间值会显著递减。

① 110 V 时，$t = 0.8$ s。

② 220 V 时，$t = 0.4$ s。

③ 400 V 时，$t = 0.1$ s。

3．技术特性

（1）跳闸时间（表 16-1）

除了一些特别的设备之外，理论上跳闸一定是要瞬间完成。实际上，跳闸时间"t_d"不等于 0，但根据不同的故障电流要求，跳闸时间小于最大可接受接触时间即可，所以"t_d"在"t_{dmin}"和"t_{dmax}"之间。

表 16-1　跳闸时间

en ms	$I_{\Delta n}$		$2I_{\Delta n}$		$5I_{\Delta n}$		$10I_{\Delta n}$	
	min	max	min	max	min	max	min	max
AC 类	10	30	5	30	5	20	5	20
A 类	10	30	5	20	5	10	5	10
S 类	140	450	75	180	55	120	50	120

（2）说明

t_d =跳闸时间，t_f =跳闸机构的动作时间。

（3）选择性

在装置（B）的下游发生故障时，能保证供电的连续性。

A 和 B 之间，A 的延时跳闸保证了正确的选择性配合。B 会单独跳闸，线路 1和线路 3 继续保持工作状态，如图 16-15 所示。然而，要实现上述功能，必须满足以下两个条件：

① 电流选择性；

② 时间选择性。

A 的灵敏度在严格意义上一定要比 B 高，即 A 的最小设定值一定要高于 B 的最大设定值。

考虑设定范围：$(I_{\Delta n}/2，I_{\Delta n})$

$$I_{\Delta n}(A) > 2 \times I_{\Delta n}(B)$$

$$t_d(A) > t_d(B) + t_f(B)$$

断路器选择性如图 16-16 所示。

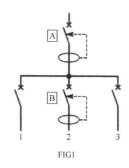

图 16-15 剩余电流保护电路图

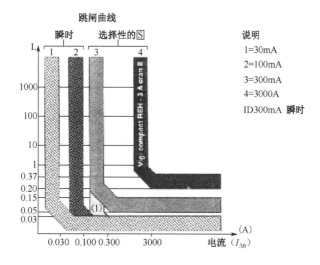

图 16-16 跳闸曲线

选择性: $I_{\Delta n}(A) > 2 I_{\Delta n}(B)$

$T_t(A) > T_t(B) + T_f(B)$

4．应用

（1）家庭：家庭安全措施，如图 16-17 所示。

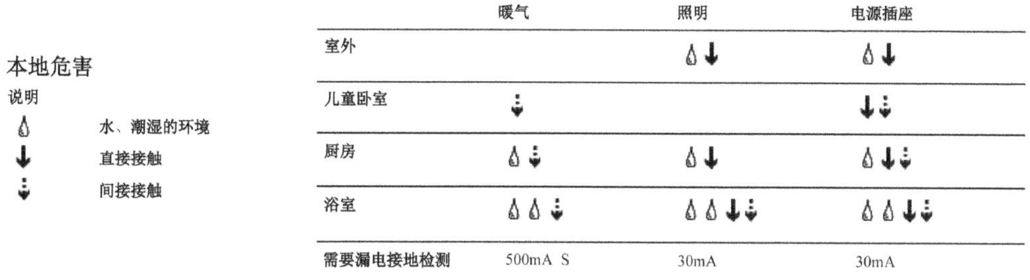

本地危害		暖气	照明	电源插座
	室外		💧↓	💧↓
	儿童卧室	⁑		↓⁑
	厨房	💧⁑	💧↓	💧↓⁑
	浴室	💧💧⁑	💧💧↓⁑	💧💧↓⁑
	需要漏电接地检测	500mA S	30mA	30mA

说明
💧 水、潮湿的环境
↓ 直接接触
⁑ 间接接触

图 16-17 家庭安全

（2）楼宇：楼宇电路图如图 16-18 所示。

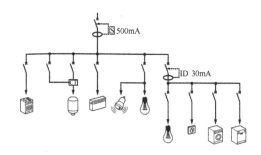

图 16-18　楼宇电路图

（3）工业：工业示例如图 16-19 所示。

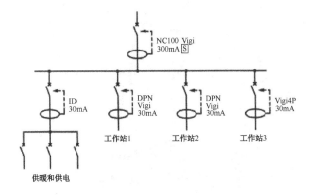

图 16-19　工业应用电路图

16.12.6　附录 6：微型断路器

1. 断路器的内部结构

磁断路器在其工作范围内可通过磁脱扣对短路故障提供有效保护，内部结构如图 16-20 所示。

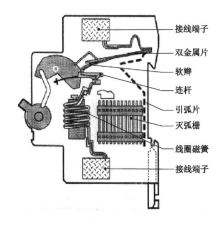

图 16-20　微型断路器内部结构

它们还可以提供间接接触保护以实现剩余电流保护。根据要被保护电路的种类，磁脱扣阈值会是额定电流的 3～15 倍。

对于较小的短路电流，断路器动作比熔丝动作更快。

2．电路的断开与闭合

电弧在每次电路断开或闭合时形成。

由于接触面很小（0.5mm^2），接触点很容易在很短的时间内（几毫秒）达到 $12\,000℃$。接触点的性能会逐渐变差，如图 16-21 所示。

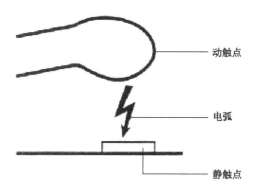

图 16-21 微型断路器的分合

断路器在短路前后必须正确分合。

（1）机械寿命可以作为内部部件分合可靠性的检验参数。

（2）寿命与标准有关（测试条件）。

举例：电气寿命周期符合 IEC 9472，如图 16-22 所示。

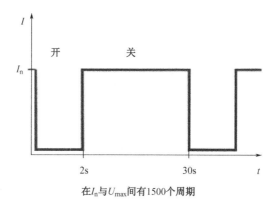

图 16-22 微型断路器时停图

（3）电气寿命与机械寿命也同样适用于断路器，即 20 000 次。

（4）这样的性能在很大程度上优于国际标准。

举例：IEC 9472。

电气寿命：1 500 周期。

机械寿命：8 500 周期。

3．短路

1）定义：过流保护

短路是直接将两个不同电势的点连接在一起。

（1）在交流电中：连接不同相线，相线与中性线，相线与地线（PE 线）。

（2）在直流电中：直接连接电源两极，或者地线与和它绝缘的电源某极。

短路可以有多种原因：松动，破损或剥离的电线或电缆，外来金属体的存在，导体沉积（灰尘、湿度），水或其他导电液体的进入，负载的劣化，在启动时或在维护期间布线错误等。

短路会导致电流突然增加，电流值可以在几毫秒内到达额定电流值的数百倍。该电流产生的电效应和热效应可能对设备、电缆和短路处上游的母线造成重大损坏。

因此，保护设备必须非常快地检测故障和断开电路，并尽可能在电流达到其最大值之前完成。

2）设备

（1）可以切断电路的熔丝，故障后需要对它们进行更换。

（2）通过打开触点切断电路的断路器，它们仅需要被重新闭合即可投入运行。

短路保护设备可以包括在多功能设备中，如电动机保护用的断路器和多功能的接触器都可以分断电路。

3）保护原理

（1）螺线管原理（图 16-23）。

① 电流在线圈周围形成磁场。

② 当电流在线圈内经过时，"1"和"2"会互相吸引。

除了在短路的情况下，弹簧被校准以维持"1"和"2"分开。这里有两种可能性：

a．I_{sc} 很小（10A），活塞几乎不移动并且不能触动触片的机构。

b．I_{sc} 较大（> 3000 A），在这种情况下，在跳闸机制执行任务前，活塞将撞击触片。这项技术在 NC100/NC125 和 C60 中都得到应用。

在上述两种情况下，可动触点被拉动或被推回，如图 16-23 所示。

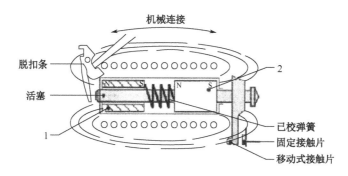

图 16-23　螺线管工作原理

（2）电弧会在 3ms～6ms 间断开。

为了更有效地断开电弧：

① 及早（<1ms）检测；

② 快速分断触头；

③ 得到高的电弧电压。

（3）使用"旁路"技术来"保护"断路器的敏感部件，如双金属片、电磁线圈

① 对 C60 来说，只有双金属片被旁路；

② NC100 H 只在 50A～100A 范围内使用这项技术；

③ 对 NC100H 和 NC100L LS LH 的小电流范围，没有用到这项技术；

④ NC100L LS LH 使用每极双触点来将电弧电压提高一倍，从而提高限流能力。

4）直流电

标准产品：在一些情况下将两极串联。

特定产品：永久磁铁，用来消除灭弧栅内的电弧（注意其终端极性）。

5）污染程度

在短路测试中，断路器的动作可能是剧烈与危险的。

该标准规定了安装断路器时，必须要检查电弧的可能隐患和面板上的聚乙烯薄膜，以防灼伤皮肤。

必须关注和保护电磁线圈，以防过流。

4．短路保护分断技术

有 2 种分断技术可防止断路器内形成电弧：

（1）分断技术可以保护断路器的敏感部件（双金属片），直流分断很难进行，如图 16-24 所示。

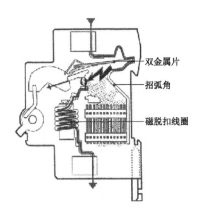

双金属片
招弧角
磁脱扣线圈

图 16-24 故障分析

（2）分断技术用来保护断路器的敏感部件（磁脱扣器），如图 16-25 所示。

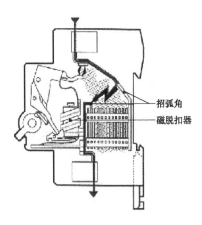

招弧角
磁脱扣器

图 16-25 磁脱扣器

第 17 章　试验箱接线图

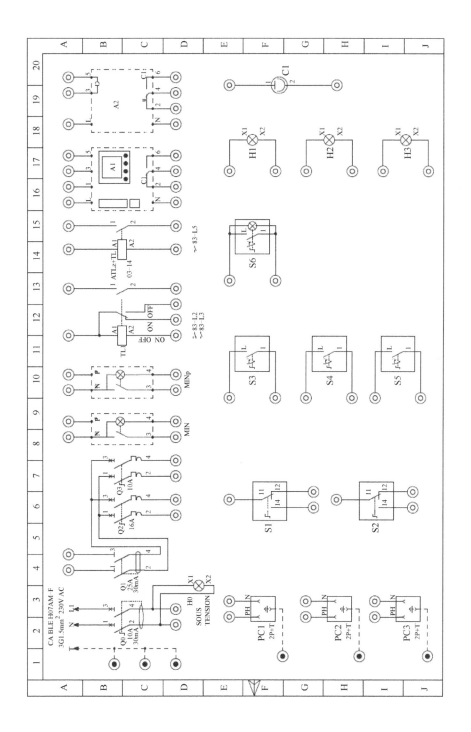

第 18 章　内置组件技术特点

18.1　差动开关和 10A/16A 双极断路器

继电保护		
双联压差开关 30 mA ID'clic XP	自动断路开关 1P + N D'clic XP	压差自动断路开关 1P + N, 30 mA D'clic Vigi

<table>
<tr><td rowspan="2">NF
注册型号</td><td colspan="3"></td></tr>
<tr></tr>
<tr><td rowspan="2">型号</td><td colspan="3">选型　30℃下校准下部宽 9mm 型号　　30℃下校准下部宽 9mm 型号　　选型　30℃下校准下部宽 9mm 型号</td></tr>
</table>

型号								
	AC (1)	25A	4	23157	2A	2	20724	AC (1)
		40A	4	23160	6A	2	20723	
		63A	6	23162	10A	2	20725	

表格内容：

	安培/级数/型号 (ID'clic XP)	安培/级数/型号 (D'clic XP)	安培/级数/型号 (D'clic Vigi)
AC(1)	25A 4 23157	2A 2 20724	10A 4 20552
	40A 4 23160	6A 2 20723	16A 4 20553
	63A 6 23162	10A 2 20725	20A 4 20554
A(2)	40A 4 23158	16A 2 20726	25A 4 20555
	63A 6 23156	20A 2 20727	32A 4 20564
Asi(3)	40A 4 23161	25A 2 20728	16A 4 20569 (Asi(3))
		32A 2 20729	20A 4 20574

接线	进线	从相线/中性线端通过开关上部进线； 鼠笼式接线端 16mm^2 对应 25 A 及 40 A	通过梳齿式 Bar'clic 接线（通过梳齿式接线端接线，当然直接通过电线接线也是可以的）； 鼠笼式接线端 16mm^2 对应 25A 及 40A	从相线/中性线端通过开关上部进线
	出线	鼠笼式接线端 35mm^2 对应 63 A； 通过开关上部梳齿式接线端 Bar'clic 直接分线	鼠笼式接线端 35 mm^2 对应 63A 出线；通过鼠笼式接线端以截面最粗 16 mm^2	
颜色		白色 RAL 9003	白色 RAL 9003	白色 RAL 9003
符合标准		NF EN 61008	—	NF EN 61009
灵敏度		30 mA	—	30 mA
电压		230 V AC +10 %～15 %	230VAC+10%～15%	230 V CA +10 %～15 %

续表

短路保护能力	开关下游的负载将完全被保护 DB90	—	开关下游的负载将完全被保护 DB90
垂直压差的选择性	完全通过连接的断路开关		完全通过连接的断路开关
非计划断开	在开关上游安装选择性 DB90 500 s 或选择性压差装置； 对于由于电路过电压（电火花、对电动工具的操作……）带来的非计划断开的保护	—	完全通过连接的断路开关； 在开关上游安装选择性 DB90 500 s 或选择性压差装置； 完全通过连接的断路开关； 在开关上游安装选择性 DB90 500 s 或选择性压差装置
关断能力		3000A 依据 NF EN 60898	3000A 依据 NF EN 60898
限制等级	—	3 依据 NF EN 60898	3 依据 NF EN 60898
闭合类别		迅速闭合	迅速闭合
断开曲线	—	C（在 5～10 I_n 之间）	C（在 5～10 I_n 之间）
附件			
挂锁装置	—	26970	26970

（1）AC 型：标准应用。

（2）A 型：用于探测电路元件运行过程中的故障电流。标准 NF C 15-100 规定特别用于保护洗衣房及厨房电路（炉灶或电磁炉）。

（3）A si 型：强力免干扰剩余电流保护。

① 标准 NF C 15-100 推荐特别用于保护冰柜电路；

② 施耐德电气力荐当配电设施配备避雷针时使用。

连接器	
型号	14875
特点	（1）一套 2 蓝+2 灰； （2）对于最粗 25mm 的电缆

楼宇-住宅 豪华套房

楼宇、住宅及公共建筑强电及弱电电气设备组态软件平台

负责住宅及公共建筑供电系统的设计及报价

（1）配电单线图

（2）接线标签标注

（3）在入配电柜前进行电缆包绝缘皮等

同样还可以配置：

（4）公共建筑通信网络

（5）仪器仪表支持及导线测量

18.2　16A 计时器

计时器	MIN、MINs、MINp、MINt（续）	
选择板		
	MIN	MINs
种类	机电计时器	无声电子计时器
功能	这些计时器可以关闭后在设定时间内打开； 控制电路：连接标准按钮或发光按钮； 如超过 50 mA，定时器会通过自我保护的形式停止工作	
线路图	4 线 3 线	4 线 3 线
安装	开关在前面的两种操作模式： 自动模式：在时间模式中操作，延时时间可在 1～7min 中调节，用旋转钮设置为 15s，按压按钮来重新设置时间； 手动优先模式：持续灯亮	开关在前面的两种操作模式； 计时模式：时间延迟可在 0.5～20min 之间调节； 永久模式：持续灯亮
产品编号	15363	CCT15232
技术规格		
额定电压（U_e）(+10%，−15%)	230 V AC，50 Hz	230 V AC，50/60 Hz
消费	1 VA	< 6 VA
输出电流　　$\cos\varphi=1$	16A	16A
保护等级	IP20B	IP20B
工作温度	−10～+50℃	−10～+50℃
宽度（9mm）	2	2
连接发光按钮的消耗	50 mA maxi	150 mA maxi
可调延时	1～7 min	0.5～20 min
长时间延迟	—	—
绝缘等级	—	Class II
1 螺纹连接每极电缆到6 mm^2	—	—
选择连接的类型（3 或 4 线）	选择开关	自动
电气配电梳母线的机械兼容	—	—
关闭报警功能		
脉冲继电器功能		

18.3 有关闭警告功能的 16A 计时器

MINp	MINt	附件
无声电子计时器		墙体附件
MINp 允许关闭，然后在一定的时间内接通，也通过闪烁的灯光提供灯即将关闭的警告（关闭警告）	MINt 和 MINp 相似，但是 MINt 有一个脉冲继电器的功能	参考 15359，MIN 可以安装在墙上。其表面是密封的
		这个 15359 附件也可以安装在其他 18mmDIN 导轨设备上，如时间开关、断路器
延时可以在 0.5min～20min 之间调节，有三种模式：关闭警告的计时器模式，在要结束的时候灯会闪 30s 或 40s；没有关闭警告的模式；永久模式，持续发光		
时间模式操作： 按一个按钮超过 2s，灯会持续 1 小时。再次按一个按钮少于 2s，实验会延长 1 小时，并且再按一次按钮超过 2s，灯会关掉； 按按钮少于 2s 是设置系统模式，再按一次少于 2s，将回到之前设置的模式	时间模式操作： 按一个按钮超过 2s，灯会持续一小时。再次按一个按钮少于 2s，实验会延长 1 小时，并且再按一次按钮超过 2s，灯会关掉； 按按钮少于 2s，是设置系统模式，再按一次少于 2s，将回到之前设置的模式	
CCT15233	CCT15234	15359
230V AC，50/60Hz	230V AC，50/60Hz	
<6 VA	<6 VA	
16A	16A	
IP20B	IP20B	
−25～+50℃	−25～+50℃	
2	2	See & dimension
150mA maxi	150mA maxi	
0.5～20 min	0.5～20 min	
1h	1h	
Class II	Class II	
—	—	
Automatic	Automatic	
—	—	
—	—	
—	—	

18.4　16A **脉冲继电器**

远程控制开关：有一些附加功能的 TLc、TLm、TLs 脉冲继电器

TLc 脉冲为中心控制

由脉冲控制的带机械闭锁功能的远程控制开关，在保持局部脉冲的同时可集中控制一组设备的脉冲继电器

种类	9mm 宽	线圈电压	部件编号
TLc 16A			
		230～240	15518
		48	15526
		24	15525

技术数据	
额定数据	16A，cos ϕ =0.6
电源电路	1P: 250 V AC，50/60 Hz，2P，3P，4P: 415 V AC，50/60 Hz
输入电源	19 VA，38 VA 伴随 ETL
其他数据	与 16 A TL 相同

15518

接收到开关（选择开关、定时开关、热敏开关）的保持命令后动作。无法实现本机的手动控制

种类	9mm 宽	线圈电压 （VAC）		部件编号
TLm 16A				
		230～240	110	15516

额定数据	16A，cos ϕ =0.6
电源电路	1P: 250 V AC，50/60 Hz，3P，: 415 V AC，50/60 Hz
输入电源	19 VA，38 VA 伴随 ETL
其他数据	与 16 A TL 相同

15516

由脉冲命令控制的带机械闭锁功能的远程分合闸

可远程指示脉冲继电器的机械状态

种类	9mm 宽	线圈电压 （VAC）		部件编号
TLs 16A				
		230～240	110	15517
		48	24	15528
		24	12	15527

额定数据	16 A，cos ϕ = 0 6
电源电路	1P: 250 V AC，50/60 Hz，3P: 415 V AC，50/60 Hz
输入电源	19 VA，38 VA 及 ETL
辅助电路	24 V CC，V AC / 10 mA / 240 V CC，V AC / 6 A
其他数据	与 16 A TL 相同

15517

18.5　带照明按钮的 16A 脉冲继电器

远程控制开关：16 A TL 和 TLI 脉冲继电器

种类		9mm 宽 （VAC）	线圈电压 （VDC）	部件编号
16 A TL 脉冲继电器				
IP　　　　2		230～240	110	15510
		130	48	15511
		48	24	15512
		24	12	15513
		12	6	15514
2P　　　　2		230～240	110	15520
		130	48	15521
		48	24	15522
		24	12	15523
		12	6	15524
4P　　　　4		230～240	110	15155
		130	48	15158
16 A TL 脉冲继电器+ ETL				
3P　　　　2+2		230～240	110	15510+15530
		130	48	15511+15531
		48	24	15512+15532
		24	12	15513+15533
		12	6	15514+15534
4P　　　　2+2		230～240	110	15520+15530
		130	48	15521+15531
		48	24	15522+15532
		24	12	15523+15533
		12	6	15524+15534

15510

15158

续表

16 A TLI 脉冲继电器					
1P-2P		2	230～240	110	15500
			48	24	15502
			24	12	15503
3P-4P		2+2	230～240	110	15500+15530
			48	24	15502+15532
			24	12	15503+15533
16 A TL 和 16 A TLI 的扩展模块 ETL					
		2	230～240	110	15530
			130	48	15531
			48	24	15532
			24	12	15533
			12	6	15534
附件					
Set of 10 clips					
辅件：ATEt，ATLz，ATL4，ATLc+s，ATLc+c，ATLc，ATLs，ATLm					

脉冲继电器辅件

远程控制开关	ATEt 时间延迟控制辅件
可选择的额外功能： 　时间延时控制、感光按钮控制、集中控制、指示多级别中心控制、逐步控制	引起自动返回的脉冲继电器的复位位置后的时间延迟可从 1s 调节至 10 小时。 当设备关闭后，时间继电器开始循环； 一个新的脉冲开始，脉冲继电器就终止循环

15520+15530

15419

种类	9mm 宽		线圈电压 （VAC）		部件编号
			24～240	24～110	15419

ATLz 有发光按钮控制的辅件；
通过感光按钮来控制脉冲继电器，且无操作风险；
当电流高于 3mA 的时候，提供一个 ATLz（这个电流足够线圈运作），根据以上值，每 3mA 安装一个额外的 ATLz，例如，7mA，安装 2 个 ATLz

续表

种类	9mm 宽	线圈电压 VAC	部件编号
ATLz			
		130～240	15413

15413

ATLc+s 集中控制+指示辅件

通过引导线，由一台脉冲继电器对不同系统进行集中控制，每个脉冲继电器进行本机控制，同时，可远程指示每台继电器的机械状态

辅助连接：24VCC，VAC/10mA240VCC，VAC/6A

种类	9mm 宽	线圈电压 VAC	部件编号
ATLc+s			
		24～240	15409

15409

18.6　可编程的定时开关

选型表格	IHP 1c	IHP2c	IHP+1c	IHP+2c
功能	这个定时开关可以按照终端客户输入的程序自动分合电路			
	它们以周循环操作：相同的程序一周一周地重复			
	可随着冬夏时间自动的变化，并且可以根据所在位置调整			
	通过按产品上的两个按钮，程序可以被临时或者永久地覆写			
	提供假期程序，通过输入离开的起始时间			
			记忆钥匙（CT15861）和一个编程工具箱（CCT15860）可以把程序复制到另一个 IHP+1C/2c 或者保存由承包人开发的程序（参看配件选择表）	

续表

接线图				
分类号码	CCT15400 [1] CCT15420 [2] CCT15450 [3] CCT15720 [4] CCT15850 [5]	CCT15402 [1] CCT15422 [2] CCT15452 [3] CCT15722 [4] CCT15852 [5]	CCT15401 [1] CCT15421 [2] CCT15451 [3] CCT15721 [4] CCT15851 [5]	CCT15403 [1] CCT15423 [2] CCT15453 [3] CCT15723 [4] CCT15853 [5]
技术规格				
额定电压	230 V AC，±10 %， 50/60 Hz	230 V AC，±10 %， 50/60 Hz	230 V AC，±10 %， 50/60 Hz	230 V AC，±10 %， 50/60 Hz
消耗	4 VA	7 VA	4 VA	7 VA
输出接点　$\cos\theta=1$	16A	16A	16A	16A
$\cos\theta=0.6$	10A	10A	10A	10A
电流保护等级	IP20B	IP20B	IP20B	IP20B
工作温度	−10～+50℃	−10～+50℃	−10～+50℃	−10～+50℃
时间精准度	20℃下每天±1 s	20℃下每天±1 s	20℃下每天±1 s	20℃下每天±1 s
锂电池节省的时间　寿命	6 年	6 年	6 年	6 年
备用及切断电源时	6 年	6 年	6 年	6 年

18.7　光敏开关

	IC100	IC2000	IC2000P+
功能	当亮度下降或者下降到标准值之下的时候，IC100 控制连接关闭，当亮度增加或达到标准的时候，控制连接打开	当亮度下降或者下降到标准值之下的时候，IC2000 控制连接关闭，当亮度增加或达到标准的时候，控制连接打开	IC2000P+通过亮度和时间调节光线。如果亮度低于阈值（光敏开关 IC），而且时间项目允许继电器关闭（时间开关功能），然后照明电路被激活

续表

线路图				
分类编号	15482	CCT15284	CCT15368	15483
技术参数				
信号传递采集	"墙式"探测头	"前面板"探测器	"墙式"探测头(CCT15268)	"墙式"探测头
附件	"墙式"探测头(CCT15268)	"前面板"探测器(CCT15281) "墙式"探测头(CCT15268)	"墙式"探测头(CCT15268) "前面板"探测器(CCT15281)	"墙式"探测头(CCT15268)
可调亮度阈值	2～100 lx	2～2000 lx		范围 1: 2～50 lx 范围 2: 60～300 lx 范围 3: 350～2100 lx
预定电压（U_e）(+10%, −15%)	230 V AC，50/60 Hz	230 V AC，50/60 Hz		230 V AC，50/60 Hz
消耗	6 VA	6 VA		3 VA
工作进度	−20～+50℃	−25～+50℃		−20～+50℃
宽度（9mm）	2	5		5
绝缘等级	Class II	Class II		Class II
保护等级	IP20B	IP20B		IP20B
输出接点 $\cos\theta$=1	16 A	16 A		16 A
输出接点 $\cos\theta$=0.6	10 A	10 A		10 A
时间延迟（开关）	20s (On) 80s (Off)	60s		可调范围 20～140s（默认 80s）
运行精准度	—	—		<±1 s / day 在 20℃ 时
监测指示灯，非时间延迟，当亮度低于阈值时点亮	红	红		—
接触开关指示灯	绿	绿		—
LED 液晶显示	—	—		背光
锂电池项目节约	—	—		—
运行备用	—	—		5～6 年
正面人工说明书的位置	—	—		—
正面电缆检测功能按钮	—	—		—

续表

通道数量	1	1	1
亮度检测控制	—	—	—
每周编程的耦合	—	—	42 次开关时间 最小开关时间：1 分钟 开关精准度：1s
计算日出日落时间的控制	—	—	—

IC200：15284	新功能
	当开关内部单元探测出光强达到一定程度时，控制开关会打开及闭合一个触点； 光强可设定区间：2～200 lx； 延时设定：40 s（改变光强持续时间小于 40s 可以使感应控制开关动作变得不敏感）

安装方法	接线方式
	根据接收器的功率设定等级。

示例				

调节方式	
光度调节区间从 2～200lx； 转动旋钮"1"从 2～200lx 直到达到满意的调节光度； 当达到所设定的显示区间时，LED 屏会瞬间亮起； 感应开关延时主要体现在开关互锁及连接断开（接近 40s）。 注： 为检查开关运转正常，更换电阻探测器为 47kΩ（接近 150lx）并提供于盒体中； 调节旋钮"1"使 LED 红灯亮起。等 40s 使感应开关闭合运转	☾ ：2 lx ：20 lx ：35 lx ：200 lx 2-Notice space 2-Platz-Bedienungsanleitung 2-Opbergruimte ① ②
技术功能	
IC200	照明
2300W	230V 白炽灯
2300W	230V 卤素灯
46×36W，23×58W，14×100W	非补偿 / 带串联补偿的日光灯管
10×36W(4.7μF)，6×58W(7μF)，2×100W(18μF)	带并联补偿及传统镇流器的日光灯管
11×(2×58W)－6×(2×100W)	带并联补偿及传统镇流器的日光灯管
9×36W，7×58W	带电子镇流器的日光灯管
5×(2×36W) 4×(2×58W)	带电子镇流器的双管日光灯管
6×7W，8×11W 6×15W，6×20W	带电子镇流器的小型日光灯
2300W	带传统镇流器的小型日光灯
1×250W(30μF)	带并联补偿的水银蒸气灯（汞灯）
1×250W(37μF)	带并联补偿的钠蒸气灯（钠灯）
技术功能	
供电电压等级：交流电 220～240V； 频率：45/60Hz； 切断能力：交流电 10A/250V 功率因数为 1； 针对日光灯/卤素灯：继电器； 最大连接末端负载能力= 6mm²； 独立光电单元：序列号 15281	max.8 38 φ15.2 45 66 49.5 81 45 60
注：此产品安装、连接及使用必须符合当前有效相关标准和或安装规范的要求。由于标准、规范及设计随着时间不断发展，因此须随着相关标准及规范要求的不断变化适当更新此出版文件	

第 19 章 声 明

（1）本文档中的示例主要目的是教学，并不完全代表实际生活。因此，在任何情况下，都不能用于工业应用或者做此类应用的模型。

本书描述的产品特征可能会随时变化，书中的描述不是绝对正确的。

如果教学中需要用到本文档中的图片和示例，施耐德电气将给予慎重考虑。

未经本公司提前同意，严禁对本文档进行复制或修改。

（2）基于独立承担责任的产品声明。

法国施耐德电气法国

地址：35 rue Joseph MONIER 92500 Rueil Malmaison France

品牌：施耐德电气

第一部分设备名称/类型：教学设备"接地系统实训"

型号：MD3BPSLT

第二部分设备名称/类型：教学设备"住宅配电箱"

型号：MD3BPDOM

附件：

本声明涉及且符合标准或规范性文件：

NF EN 61010-1 (2001) clause A2 (2011)
NF EN 55011 (1998)
NF EN 50082-1 (1998)
NF EN 60204-1 (01/09/2006)

这些产品中，如安装、维护和应用，须按照制造商的说明、规则和标准使用，依照下面的欧洲标准：

The EEC directive "Machines" 2006/42/EEC
The EEC directive "Low Voltage" 2006/95/EEC of the 12/12/2006
The EEC directive EMC 2004/108/EEC of the 15/12/2004

授权者签字：

姓名：Thierry RUARD

职务：Teaching activities director

签名：

Schneider Electric France
35 rue Joseph Monier - CS 30323
92506 RUEIL-MALMAISON Cedex
Tél +33(0)1 41 39 37 85
Fax +33(0)1 41 39 60 76

Rueil Malmaison - FRANCE

05 / 07 / 2013

反侵权盗版声明

电子工业出版社依法对本作品享有专有出版权。任何未经权利人书面许可，复制、销售或通过信息网络传播本作品的行为；歪曲、篡改、剽窃本作品的行为，均违反《中华人民共和国著作权法》，其行为人应承担相应的民事责任和行政责任，构成犯罪的，将被依法追究刑事责任。

为了维护市场秩序，保护权利人的合法权益，我社将依法查处和打击侵权盗版的单位和个人。欢迎社会各界人士积极举报侵权盗版行为，本社将奖励举报有功人员，并保证举报人的信息不被泄露。

举报电话：（010）88254396；（010）88258888

传　　真：（010）88254397

E-mail：　dbqq@phei.com.cn

通信地址：北京市万寿路 173 信箱

　　　　　电子工业出版社总编办公室

邮　　编：100036